科學天地 118A
World of Science

電磁學 天堂祕笈

輕鬆解析最實用的馬克士威方程式

A Student's Guide to
Maxwell's Equations

by Daniel Fleisch

夫雷胥 著 鄭以禎 譯

電磁學
天堂祕笈　　目錄

第 5 章
從馬克士威方程式到波動方程式

附 錄

序　有史以來最重要的方程式

這本《電磁學天堂祕笈》有一個目的：幫助你去瞭解，在所有科學中，四個最有影響力的方程式。假如你需要馬克士威方程式（Maxwell's equations）的威力的證言，請看看你的周圍，收音機、電視、雷達、無線網際網路的使用、以及藍牙（Bluetooth）技術等等，都是以電磁場為基礎的當代技術的一些例子。*物理世界*的讀者選擇了馬克士威方程式是「有史以來最重要的方程式」，一點都不令人驚訝。

這本《電磁學天堂祕笈》和其他至少有幾十本電磁學方面的書，有什麼不同呢？最重要的是，《電磁學天堂祕笈》只專注在馬克士威方程式，所以你不需要讀過幾百頁相關的話題，就能得到最主要的觀念。這使得《電磁學天堂祕笈》有更多的空間，去對最重要的相關特徵，做深入的解釋，例如以電荷為根基的電場與感應電場的差別，散度和旋度的物理意義，以及每一個方程式的積分和微分形式的用處。

你也會發現，《電磁學天堂祕笈》表現的方式和別的書有很大的不同。每一章的開始，都會有一個馬克士威方程式的「大字版」，方程式當中每一項的意義都很清楚的寫出來。

假如你已經學過馬克士威方程式，而你只是想快速的複習，則這個大字版的公式可能就可以滿足你的需要。

但是，假如你對馬克士威方程式的任何方面有不清楚的地方，你會發現，在大字版的公式後面的章節中，每一個符號都有仔細的解釋（包括數學的算符）。所以，假如你不是很確定在高斯定律中 $\vec{E} \cdot \hat{n}$ 的意義，或者不明白為何只有被包圍的電流對磁場的環流有貢獻，你將會很想要去讀這些章節。

做為一本學生的指南，《電磁學天堂祕笈》還提供有另外兩個

資源，用來幫助你瞭解及應用馬克士威方程式：一個互動式的網站（網址：www4.wittenberg.edu/maxwell/#），以及一系列可下載播放的網路「播客」（podcast）語音講解。在網站上（以及中文版附錄），你可以找到本書習題中的每一道題目的完整解答，並以互動式提供，這是說，你能夠馬上看到全部的解答，或者你可以要求一系列有用的提示，然後引導你去找出最後的答案。

假如你是一個喜歡用聽的（而不想只是用讀的）來學習的人，英文語音的講解就很適合你。這些 MP3 檔案會伴著你讀過本書的每一章，指出重要的細節，並提供關鍵觀念的進一步解釋。

《電磁學天堂祕笈》這本書適合你嗎？

假如你是學科學或工程的學生，而所讀的教科書中有用到馬克士威方程式，你卻對這些方程式的意義不是很清楚，或者不知道如何去運用，那麼《電磁學天堂祕笈》就很適合你。在這種情形時，你需要閱讀本書，聽一聽網站所提供的英語聲音講解，做做本書的例題以及習題的題目，然後才去考如 GRE 等學力測驗。

或者，假如你是研究生，要為資格考做複習，這本書以及所提供的附加材料，可以幫助你來做準備。

假如你不是學習科學的大學生或研究生，而是一個好奇的年輕人，或者是好學的年長者，想要多學一點電場和磁場的知識，《電磁學天堂祕笈》將介紹給你四個方程式，它們是你每天都在用的大部分科技的基礎。

《電磁學天堂祕笈》的解說是一種非正式的型態，其中的數學嚴謹度只保持到「並不妨礙你瞭解馬克士威方程式所含的物理意義」。你可以找到許多物理的類比，例如，電場與磁場的通量和實際流體的流動的比較。馬克士威（James Clerk Maxwell）特別熱心這種思考方法，他小心的指出，類比的有用並不是因為量的相像，而是因為相對應的量之間的關係。所以在一個靜電場中，雖然實際上並沒有東西在流動，你可能發現：水龍頭（流體流動的源頭）以

及正電荷（電場線的源頭）之間的類比，在瞭解靜電場的性質時非常有用。

　　最後，對本書所討論的四個馬克士威方程式，我要做個說明：

　　你可能會很驚訝的發現，馬克士威完成他的電磁學理論時，他得到的不是四個方程式，而是二十個方程式，這些方程式都在描述電場與磁場。後來是英國的黑維塞（Oliver Heaviside）以及德國的赫茲（Heinrich Hertz）在馬克士威死後二十年，集合並簡化了這些方程式，而成為目前的這四個。今天我們叫這四個方程式：電場的高斯定律、磁場的高斯定律、法拉第定律、安培－馬克士威定律為馬克士威方程組。因為這四個定律目前已廣泛的定義為馬克士威方程式，所以在本書中，你只會找到這四個方程式的解說。

誌 謝

　　本書是我和俄亥俄州了不起的電波天文學家 John Kraus 互相交談討論的結果，後者教導作者簡單易懂的解釋的價值。

　　Wittenberg 大學的 Bill Dollhopf 教授，提供了一些安培－馬克士威定律的有用建議，而德州大學的博士後研究員 Casey Miller，則對高斯定律提供了有用建議。

　　整本書的手稿是由加州大學柏克萊分校的研究生 Julia Kregenow 和 Wittenberg 大學的大學生 Carissa Reynolds 校訂的，他們兩人對本書的內容以及表達的方式，都有很有重要的貢獻。約翰霍普金斯大學的 Daniel Gianola 和 Wittenberg 大學的畢業生 Melanie Runkel，則幫忙了美術編排的工作。

　　在本書出版的各個階段，愛丁堡的馬克士威基金會提供了作者一個工作的場所，劍橋大學則讓我使用他們廣泛蒐集的馬克士威論文集。在本書的整個發展過程，劍橋大學出版社的 John Fowler 博士提供了靈活的引導以及有耐心的支持。而談到耐心，令人驚嘆的 Jill Gianola 無疑是無人能及的。

第1章

電場的高斯定律

Gauss's Law
for
Electric
Fields

在馬克士威方程式裡，你會碰到兩種電場：
即由電荷產生的靜電場，
以及由磁場的變化而產生的感應電場。
〈電場的高斯定律〉要處理的是靜電場，
而你會發現這個定律是非常有用的工具，
因為它建立了「電場在空間的行為」與
「產生這個電場的電荷分布」之間的關係。

1.1 高斯定律的積分形式

有許多方法可以來表示高斯定律,而雖然不同的教科書可能有不同的標示法,但是一般而言,積分形式是寫成像以下的式子:

$$\oint_S \vec{E} \cdot \hat{n} \ da \ = \ \frac{q_{\text{enc}}}{\varepsilon_0} \quad \text{電場的高斯定律(積分形式)}$$

此方程式的左邊,只是一個數學描述,描述穿過一個封閉表面 S 的電通量,即電場線的數目,而方程式的右邊的量是此封閉表面所包圍住的總電荷量,除以一個叫做「真空介電係數」的常數。

假如你不確定「電場線」或者「電通量」的真正意義,不需要擔心,在這一章稍後的課文中,你將可以學到這些觀念的細節。你也將會在幾個例題中,學到如何利用高斯定律去解有關靜電場的問題。對於初學者,重要的是確實掌握高斯定律的主要觀念:

> 電荷會產生一個電場,
> 電場會有通量,
> 而穿過任何封閉表面的電通量,
> 與被包圍在該封閉表面內的總電荷量成正比。

換句話說,你如果有一個真實的、或者想像的封閉表面,而沒有任何電荷被包圍在裡面,則不論該表面的形狀、大小如何,穿過該表面的電通量必為零。假如你在該封閉表面內放一些正電荷,不論放在什麼地方,則穿過該表面的電通量必為正。於是當你再放相同數量的負電荷於該封閉表面內(使得表面內的總電荷量等於零),穿過該表面的電通量又會是零。

　　再提醒一次，在高斯定律中，在封閉表面內的電荷，指的是淨電荷。

　　為了幫助你瞭解，在「電場的高斯定律的積分形式」中的每一個符號的意義，我們將它的字體放大來看：

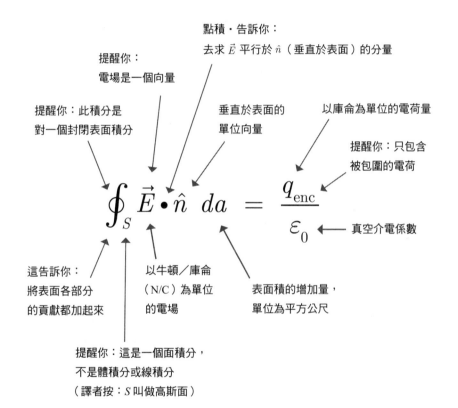

　　高斯定律是如何的有用呢？

　　利用高斯定律的方程式，你可以解以下兩種型態的問題：

(1) 當你知道一個電荷的空間分布時，你可以求出「穿過一個將此電荷包圍住的表面」的電通量。

(2) 當你知道「穿過一個封閉表面的電通量」時，你可以求出「被該表面所包圍的總電荷量」。

高斯定律最好用的情況是，對某些具有高度對稱性的電荷分布，你可以直接求出電場本身，而不只是求出穿過表面的電通量。

雖然高斯定律的積分形式，看起來好像很複雜，但是當你一次只考慮其中的一項時，你是完全可以瞭解它的意義的。在下面幾節中，我們就是要如此來探究，先從電場 $\vec{E}$ 開始。

$\boxed{\vec{E}}$　電場

　　要瞭解高斯定律，你首先要瞭解電場的觀念。在某一些物理和工程的書中，並不直接給電場一個定義，而是給一個聲明說，在靜電力有作用的任何區域，就有電場的「存在」。但是電場的真正意義是什麼呢？

　　這個問題有很深的哲學重要性，但是卻不容易回答它。最早是法拉第（Michael Faraday, 1791-1867）提及電「力的場」，爾後馬克士威確認，電場是個有帶電物體的周遭空間，即靜電力會有作用的空間。

　　大多數嘗試要去定義電場意義的思路中，共同點就是：場和力有很密切的關連。因此，以下是一個很實際的定義：一個電場是「一個帶電物體在此場中，每單位電荷所受的靜電力」。雖然哲學家為了電場的意義而有所爭辯，但是你可以用以下的想法，去解決許多實際的問題，即想像在空間任何一點的電場為：在該處每庫侖的電荷所受的靜電力，該力的大小則以牛頓（N）計。因此，電場可以用以下的關係式來定義：

$$\vec{E} \equiv \frac{\vec{F}_e}{q_0} \tag{1.1}$$

其中 $\vec{F}_e$ 是一個小 [1] 電荷 q_0 所受的靜電力。

---

[1] 原注：為什麼物理學家和工程師總是談到小的檢驗電荷？因為此檢驗電荷的作用是**去檢驗**該處的電場，而不是去增加另外的電場來混合它（雖然你無法阻止它的發生）。讓檢驗電荷變成無限小，會使得檢驗電荷自己產生的電場的效應極小化。

這個定義使得電場的兩個重要特性變得很清楚：

(1) $\vec{E}$ 是一個向量，它的大小與力成正比，而它的方向與「作用於一個正的檢驗電荷的力」同一個方向。

(2) $\vec{E}$ 的單位是每庫侖的牛頓數（N/C），它和每公尺的伏特數（V/m）相同，因為伏特＝牛頓 × 公尺／庫侖。

　　利用高斯定律時，如果能夠想像出一個帶電物體附近的電場情況，對於解問題是非常有幫助的。要用視覺的方式去建構出一個電場，最常用的方式是用箭頭或者是「電場線」去標出空間每一點的電場方向。用箭頭的方式時，電場的強度是用箭頭的長度來顯示；而用電場線的方式時，是用相鄰電場線間的距離，來告訴你電場的強度（愈密集的線，標明愈強的場）。當你在看用箭頭或者場線所畫出的電場時，請記住：線與線之間空白的地方，也有電場存在。

　　圖 1.1 畫了一些可以利用高斯定律所得到的電場的例子。

　　以下是一些經驗定則，它們可以幫助你去想像及畫出由電荷[2]所產生的電場：

● 電場線由正電荷出發，而終止於負電荷。

● 空間任何一點的總電場，是所有在該點出現的電場的向量和。

● 電場線永遠不會互相交叉。因為如果交叉了，表示在交叉點上電場會有兩個不同的方向。（假如有兩個或兩個以上的電荷，在同一地方產生方向不同的電場，則該處的總電場是各個個別電場的向量和，而電場線永遠是單一方向，它指向總電場的方向。）

[2] 原注：在第 3 章〈法拉第定律〉，你將學到不是由電荷所產生的電場，而是由磁場的改變而產生的。那種型態的電場線會循環回到出發點，它所遵循的定則和電荷產生的電場是不一樣的。

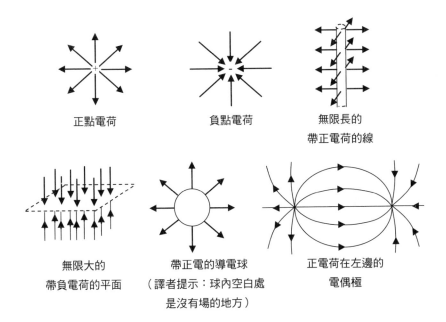

正點電荷　　　　　負點電荷　　　　　無限長的
　　　　　　　　　　　　　　　　　帶正電荷的線

無限大的　　　帶正電的導電球　　　正電荷在左邊的
帶負電荷的平面　（譯者提示：球內空白處　　　電偶極
　　　　　　　是沒有場的地方）

圖 1.1　電場的例子。請記住，這些場存在於三維空間，完整的三維空間
　　　（3-D）想像圖，可以在本書的網址上看到。

● 　電場線永遠垂直於平衡導體的表面。（譯者提示：電場線如果
　　有切線方向的分量，則該分量會使導體內產生電流。）

　　次頁的表 1.1 列出一些簡單帶電物體附近的電場的方程式。
　　所以高斯定律中的 $\vec{E}$ 真正代表的是什麼呢？它代表「面積分」
時，被考慮的表面上的每一點的總電場。這個表面可以是真實的，
也可以是想像的，這在你研讀高斯定律中「面積分」的意義時（見
第 26 頁），你就會瞭解。但是在這之前，你必須先考慮在積分符號
內的「點積」以及「單位法線向量」。

表 1.1 一些簡單物體的電場方程式

1. 點電荷（電荷 = q）　　$\vec{E} = \dfrac{1}{4\pi\varepsilon_0}\dfrac{q}{r^2}\hat{r}$　（與 q 的距離為 r 的地方）

2. 導電球（電荷 = Q）　　$\vec{E} = \dfrac{1}{4\pi\varepsilon_0}\dfrac{Q}{r^2}\hat{r}$　（球外，與球心距離為 r 處）

　　　　　　　　　　　　$\vec{E} = 0$　　　　（球內）

3. 均勻分布的絕緣體球
　（電荷 = Q，半徑 = r_0）　$\vec{E} = \dfrac{1}{4\pi\varepsilon_0}\dfrac{Q}{r^2}\hat{r}$　（球外，與球心距離為 r 處）

　　　　　　　　　　　　$\vec{E} = \dfrac{1}{4\pi\varepsilon_0}\dfrac{Qr}{r_0^{3}}\hat{r}$　（球內，與球心距離為 r 處）

4. 無限長的電荷線
　（線電荷密度 = λ）　$\vec{E} = \dfrac{1}{2\pi\varepsilon_0}\dfrac{\lambda}{r}\hat{r}$　（與線的距離為 r 的地方）

5. 無限大的平面
　（面電荷密度 = σ）　$\vec{E} = \dfrac{\sigma}{2\varepsilon_0}\hat{n}$

※ 譯者提示：

1. **點電荷**：取中心點在電荷，半徑為 r 的球面為高斯面，則電場會垂直於球面。

2. **導電球**：取中心點在導電球心，半徑為 r 的球面為高斯面，球外情形如「1.點電荷」，而球內的電場必須為零。因為如果導電球內的電場不為零，則其內之自由電子會被電場驅動而產生電流。此結論可以推廣到任何形狀的導體內。由高斯定律知道：平衡導體內任何一個地方的淨電荷都必須為零，自由電子的電荷和固定不能動的正離子的電荷互相抵消掉。如果導體內有不等於零的淨電荷，則多餘的淨電荷只能分布在表面上，而且產生的電場必須與表面垂直，且只在導體外有電場。

3. **絕緣體球**：取中心點在絕緣體球心，半徑為 r 的球面為高斯面，球外情形如「1.點電荷」。而當 $r < r_0$ 時，高斯面內的總電荷量與 r^3 成正比。請見例題 1.5。

4. **無限長的電荷線**：取電荷線為中心軸，半徑為 r（高度任意）的圓柱面為高斯面。由於對稱之故，而電場線由電荷線出發（$\lambda > 0$）且垂直於電荷線，因此平行於電荷線的方向的電場分量為零。請見習題 1.9。

5. **無限大的平面**：取上下底平行於電荷平面的圓柱面（半徑、高度任意，但是平面攔腰切過圓柱的正中央）為高斯面。由於對稱的要求，電場只有垂直於電荷平面的分量，而無平行於平面的分量。請見習題 1.10。

⊡ 點積

當你遇到方程式中有相乘的符號（一個黑圓點或一個 ×）時，最好能夠檢查一下該符號左右兩邊的項。如果它們是粗體的字母、或者是頭上有向量符號的量（例如高斯定律中的 $\vec{E}$ 以及 $\hat{n}$），則這個方程式牽涉到向量的相乘，而向量的相乘卻有幾種不同的乘法（向量是有大小、且有方向的量）。

在高斯定律中，在 $\vec{E}$ 和 $\hat{n}$ 之間的黑圓點，代表電場 $\vec{E}$ 與單位法線向量 $\hat{n}$（將在下一節討論）之間的點積（或叫做「內積」或「純量積」）。假如你知道每一個向量在笛卡兒坐標的每一個分量，則這個乘積可由以下方程式算出來：

$$\vec{A} \cdot \vec{B} = A_x B_x + A_y B_y + A_z B_z \tag{1.2}$$

而如果你知道這兩個向量之間的夾角 θ，則你可以用下式來算：

$$\vec{A} \cdot \vec{B} = \left|\vec{A}\right|\left|\vec{B}\right| \cos\theta \tag{1.3}$$

其中 $\left|\vec{A}\right|$ 和 $\left|\vec{B}\right|$ 代表向量的大小（即長度）。必須注意的是，兩個向量之間的點積，會得到一個純量。（這就是為什麼，點積也叫做純量積。）

　　為了要抓住點積在物理上的重要性，我們考慮方向上相差一個角度 θ 的兩個向量 $\vec{A}$ 和 $\vec{B}$，如圖 1.2(a) 所示。

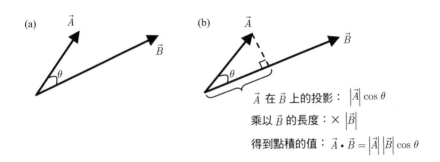

圖 1.2　**點積的意義**

　　對於這兩個向量，$\vec{A}$ 在 $\vec{B}$ 上的投影是 $\left|\vec{A}\right| \cos \theta$，如圖 1.2(b) 所示。將此投影乘以 $\vec{B}$ 的長度，得到 $\left|\vec{A}\right|\left|\vec{B}\right| \cos \theta$。因此點積 $\vec{A} \cdot \vec{B}$ 代表：$\vec{A}$ 在 $\vec{B}$ 方向的投影，乘以 $\vec{B}$ 的長度 [3]。等你瞭解 $\hat{n}$ 這個向量的意義後，你就會很清楚的知道，點積這個運算在高斯定律中的有用之處了。

[3] 原注： 如果你求 $\vec{B}$ 在 $\vec{A}$ 方向的投影，再乘以 $\vec{A}$ 的長度，也會得到相同的結果。

$\boxed{\hat{n}}$ 單位法線向量

單位法線向量的觀念是非常直接的：在表面上的任何一點，想像有一個向量，長度為 1，而其方向垂直於表面。我們用 $\hat{n}$ 表示這個向量，並稱它為單位法線向量，因為它的長度是 1，而法線是因為它垂直於表面。

在圖 1.3(a) 我們畫了一個平面的單位法線。

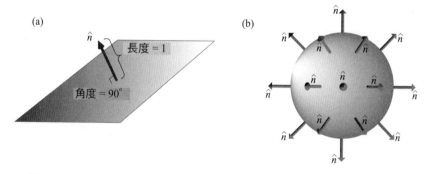

圖 1.3　平面和球面的法線向量

當然了，在圖 1.3(a) 你可能選擇相反的方向當作平面的單位向量，對於一開放的面，面的兩邊並沒有基本上的不同。（提醒一下，一個開放的面是指任何一個面，它可以從面的一側，走到面的另外一側，而不需要穿過面本身。）

　　對於一個封閉表面（其定義為該表面將空間劃分為「裡面」跟「外面」），單位法線方向不明確的問題已經解決了：對於一個封閉表面，習慣上它的單位法線向量是取為向外的，即離開表面所包圍的體積。圖 1.3(b) 畫了一些球面的單位向量；必須注意的是，假如地球是一個完美的球形，則在地球北極和南極的單位法線向量會指向相反的方向。

　　你必須知道，有些作者用的符號是 $d\vec{a}$，而不是 $\hat{n}\,da$。用這種符號時，單位法線是併入面積元素的向量 $d\vec{a}$ 內，此向量的大小等於面積 da，而其方向是沿著表面的法線 $\hat{n}$ 的方向。所以 $d\vec{a}$ 和 $\hat{n}\,da$ 有相同的意義。

$\boxed{\vec{E} \cdot \hat{n}}$ $\vec{E}$ 垂直於表面的分量

假如你已經瞭解點積與單位法線向量的意義，則 $\vec{E} \cdot \hat{n}$ 的意義就很清楚了；它代表電場這個向量垂直於我們所考慮的表面的分量。

假如上面所說的理由你還不是很清楚，則請你再回憶一下 $\vec{E}$ 和 $\hat{n}$ 這兩個向量的點積的意義，它是第一個向量在第二個向量的投影，再乘以第二個向量的長度。同時再提醒一下，由定義，單位法線的長度是等於 1（$\left|\hat{n}\right| = 1$），因此

$$\vec{E} \cdot \hat{n} \;=\; \left|\vec{E}\right| \left|\hat{n}\right| \cos\theta \;=\; \left|\vec{E}\right| \cos\theta \tag{1.4}$$

其中 θ 是單位法線 $\hat{n}$ 與 $\vec{E}$ 之間的夾角。這是電場向量垂直於表面的分量，如圖 1.4 所示。

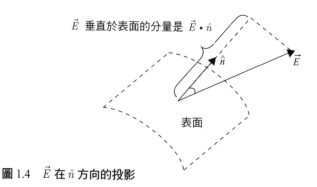

圖 1.4　$\vec{E}$ 在 $\hat{n}$ 方向的投影

　　因此,如果 $\theta = 90°$,則 $\vec{E}$ 垂直於 $\hat{n}$,這表示電場與表面平行,而 $\vec{E} \cdot \hat{n} = \left|\vec{E}\right| \cos(90°) = 0$ 。在此種情形下, $\vec{E}$ 垂直於表面的分量為零。

　　反之,如果 $\theta = 0°$,則 $\vec{E}$ 與 $\hat{n}$ 平行,這表示電場與表面垂直,而 $\vec{E} \cdot \hat{n} = \left|\vec{E}\right| \cos(0°) = \left|\vec{E}\right|$ 。在此種情形下, $\vec{E}$ 垂直於表面的分量是 $\vec{E}$ 的全長。

　　當你在考慮電通量時,就會發現「電場垂直於表面的分量」非常重要。而你要做此計算,就必須確實知道你是否瞭解高斯定律中,面積分的意義。

$$\boxed{\int_s (\ ) da} \quad \textbf{面積分}$$

在物理和工程裡的許多方程式，包括高斯定律，牽涉到了一個純量函數或者向量場在一個具體的表面上的面積積分（此種積分也叫做「面積分」）。你花在瞭解這個重要的數學運算的時間，將來會在你去解力學、流體力學和電磁學的問題時，得到數倍的報償。

面積分的意義，可以經由考慮如圖 1.5 所示之很薄的表面來瞭解。想像此表面的面積密度（每單位面積的質量）隨著坐標 x 和 y 而改變，而你要計算此表面的總質量。要做此計算，你可以將表面分成很多片二維的面積切片，使每一個面積切片上的面積密度可以近似為常數。

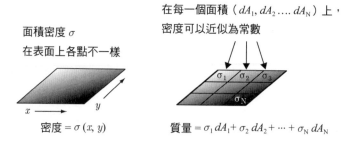

圖 1.5　求密度隨位置而改變的表面的總質量

　　對於某一個切片，其面積密度為 σ_i，面積為 dA_i，則其質量為 $\sigma_i \, dA_i$。若全部有 N 個切片，則整個表面的總質量為 $\sum_{i=1}^{N} \sigma_i \, dA_i$。你可以想像，當你將面積切片愈取愈小時，上面的和，會愈來愈接近真正的質量，因為你取 σ_i 為常數的近似，會因為切片愈小而愈準確。如果你讓切片的面積 dA 趨近於零，而 N 趨近於無窮大，代數和會變成積分，你會得到下式：

$$\text{質量} \ = \ \int_S \sigma\,(x,y)\,dA$$

這是純量函數 $\sigma\,(x,y)$ 在表面 S 上的面積積分。這是單純的將一個函數在許多小區域的量（在上述的例子是密度）相加起來，以得到總量的一個方法。

　　要瞭解高斯定律的積分形式，我們需要將面積分的觀念推廣到向量場，這正是我們要在下一節來做的。

$$\boxed{\int_s \vec{A} \cdot \hat{n}\, da}$$ 向量場的通量

　　高斯定律中的面積分，並不是對純量函數（例如表面的密度）的積分，而是對向量場的積分。

　　什麼是向量場？從名稱看，我們知道向量場是一種在空間各處都有的量，這就是場，而這個量除了大小之外，還有方向，也就是說，它們是向量。

　　例如，屋內各處都有的溫度，是一個純量場的例子；而在河流的每一個點，其流體的速率與方向，則是向量場的例子。

　　用流體的流動來比喻，對於瞭解一個向量場的「通量」的意義有很大的幫助；雖然向量場可能是靜態的，而且沒有任何東西在流動。不過，你可以想像：一個向量場穿過一個表面的通量，是該向量「穿過」該表面的「數量」，如圖 1.6 所示。

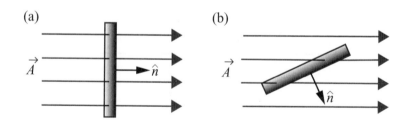

圖 1.6　穿過一個表面的向量場通量

　　最簡單的例子是，一個均勻向量場 $\vec{A}$、以及一個表面 S 垂直於該向量場的方向，則通量 Φ 的定義是「場的大小乘以表面的面積」：

$$\Phi \;=\; \left|\vec{A}\right| \times (\text{表面積}) \tag{1.5}$$

這是圖 1.6(a) 的情形。需注意的是，如果 $\vec{A}$ 垂直於表面，則它平行於單位法線向量 $\hat{n}$ 。

　　如果向量場是均勻的，但是它和表面不垂直，如圖 1.6(b) 所示，則可以先求 $\vec{A}$ 垂直於表面的分量，再以該分量乘以表面積，就可以求出通量了：

$$\Phi \;=\; (\vec{A} \bullet \hat{n}) \times (\text{表面積}) \tag{1.6}$$

　　雖然均勻場以及平面的例子，可以幫助我們瞭解通量的觀念，但是在許多電磁學的問題裡，常常牽涉到不均勻的場與曲面。要處理這樣的問題，你必須懂得如何將面積分的觀念推廣到向量場。

　　考慮如圖 1.7(a) 所示的一個曲面與一個向量場 $\vec{A}$ 。想像 $\vec{A}$ 代表一個真實流體的流動，而 S 是一個多孔的膜；將來你會發現這個觀念如何可以應用到電場穿過一個表面，不論該表面是真實的、或純粹是虛擬的。

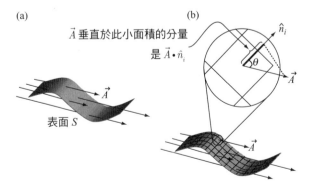

圖 1.7　$\vec{A}$ 垂直於表面的分量

在繼續討論以前，你必須想一下，你要如何去計算一個物質穿過一個表面的流率（或流量率）。你可以給流率幾種不同的定義，但是提出下面的問題會有相當的幫助：每秒鐘有多少粒子穿過該多孔膜？

要回答此問題，我們定義 $\vec{A}$ 為此流體的數目密度（每立方公尺的粒子數）乘以流動的速度（每秒鐘的公尺數）。由於 $\vec{A}$ 是數目密度（一個純量）與速度（一個向量）的乘積，$\vec{A}$ 必為一個向量，其方向與速度相同，而其單位為每平方公尺每秒鐘的粒子數。因為你是要計算「每秒鐘穿過表面的粒子數」，由上面的單位分析，告訴你必須將 $\vec{A}$ 乘以表面的面積。

但是再重新看圖 1.7(a)。幾個箭頭的長度不相同，代表物質的流動並不是空間均勻的，這意義是：在不同的位置，流動的速率不一樣，有的地方速率高，有的地方速率低。這個事實本身表示，物質以較高的速率穿過表面的某一部分，而以較低的速率穿過其他部分。而且，你還需要考慮表面和流動方向之間的角度。表面若有任何部分與流動方向完全一致，則流過該部分表面的每秒鐘粒子數必然為零。因為流線必須穿過表面，才能將粒子由表面的一側帶到另外一側。所以你必須考慮的，不只是流動的速率與每一部分多孔膜的面積，你還必須考慮垂直於表面的流動分量。

當然，你知道如何去計算 $\vec{A}$ 垂直於表面的分量；你只要算 $\vec{A}$ 與 $\hat{n}$ 的點積即可，其中 $\hat{n}$ 是表面的單位法線。因為表面是彎曲的，所以 $\hat{n}$ 的方向與你所考慮的表面是在哪一個位置有關。要處理各個位置的不同 $\hat{n}$（與 $\vec{A}$），你可以將表面分成許多小面積，如圖 1.7(b) 所示。如果你讓這些小面積夠小的話，你就可以假設：在每一個小面積上，$\vec{A}$ 與 $\hat{n}$ 都是常數。

讓 $\hat{n}_i$ 代表第 i 個小面積的單位法線（面積為 da_i），則流過第 i 個小面積的量是：

$$\left(\vec{A}_i \bullet \hat{n}_i \right) da_i$$

總量為：

$$穿過全部表面的流量 \; = \; \sum_i \vec{A}_i \bullet \hat{n}_i \; da_i$$

當你讓每一個小面積的大小都趨近於零時，上式的代數和，無疑會變成積分：

$$穿過全部表面的流量 \; = \; \int_S \vec{A}_i \bullet \hat{n}_i \; da_i \qquad (1.7)$$

對於一個封閉的表面，在積分符號上有一個圓圈：

$$\oint_S \vec{A}_i \bullet \hat{n}_i \; da_i \qquad (1.8)$$

這個流量是穿過封閉表面 S 的粒子通量，而它和高斯定律左邊的相似性，令人驚訝。接下來，你只要將向量場 $\vec{A}$ 換成電場 $\vec{E}$，就可以得到和高斯定律左邊完全相同的表示式了。

$$\boxed{\oint_S \vec{E} \cdot \hat{n} \, da}$$ 穿過一個封閉表面的電通量

根據上一節得到的結果，你應該已經瞭解到，向量場 $\vec{E}$ 穿過表面 S 的通量 Φ_E 可以用以下的方程式來計算：

$$\Phi_E = |\vec{E}| \times (\text{表面積}) \tag{1.9}$$

$\vec{E}$ 是均勻的，且垂直於 S

$$\Phi_E = (\vec{E} \cdot \hat{n}) \times (\text{表面積}) \tag{1.10}$$

$\vec{E}$ 是均勻的，但與 S 不垂直

$$\Phi_E = \int_S \vec{E} \cdot \hat{n} \, da \tag{1.11}$$

$\vec{E}$ 是不均勻的，且與 S 的角度隨表面的位置而變

這些關係式，顯現出電通量是一個純量，它的單位是電場乘以面積，或者是伏特－公尺（Vm）。但是依照上一節的比喻，是否必須將電通量想像成是粒子的流動，而電場是密度與速度的乘積？

這個問題的答案是「絕對不是」。請記住，當你用了一個物理上的比喻，你是希望從中得到某一些量之間的關係，而不是這些量本身的意義。所以，你可以由電場的垂直分量在一個表面的積分，而求得電通量，但你不能夠把電通量想像成是粒子在空間的運動。

　　那你要如何來想像電通量呢？一個有幫助的想法是，直接利用電場線來代表電場。在這種表示法中，空間任何一點的電場強度，是用「在該點的場線的疏密」來顯示的。講得更明白一點，我們可令電場強度與場線的密度（每平方公尺的場線數）成正比，該場線密度是在我們考慮的點，取一個與電場垂直的平面上所量得的。將該場線密度對整個表面做積分，會得到穿過整個表面的場線數目，而這正是電通量的表示式所提供的。因此，以下的式子提供另外一個電通量的定義：

$$電通量\ (\Phi_E) \equiv 穿過表面的場線數目$$

　　當你想像電通量為穿過表面的場線數目時，你心中必須提醒自己注意以下兩點：

　　第一，用場線來代表電場，只是一個方便的表示法，實際上，電場在空間是連續的。你畫了多少條場線去代表一個已知的電場，可以由你自己來決定，但是必須注意不同電場強度之間的一致性，也就是說，強度兩倍的地方，必須由每單位面積有兩倍數目的場線來表示。

　　第二個需要提醒的地方是，場線有兩個方向可以穿過表面；當表面法線 $\hat{n}$ 的方向確定後，則場線的分量與該方向平行者，其通量是正的，而反向的分量（與 $\hat{n}$ 的反方向平行者），其通量是負的。因此，如果一個表面有五條場線由一個方向穿過（假設由上而下），而另外有五條場線是由另一個方向穿過（由下而上），則總通量是零，因為兩組場線的貢獻互相抵消。因此，電通量是計算穿過表面的淨場線數目，其中必須考慮場線穿過表面的方向。

　　假如你仔細想過這第二個需要留意的重點，你對一個封閉的表面會得到以下重要的結論。

　　考慮如次頁的圖 1.8 所示的三個盒子。所有穿過圖 1.8(a) 所示

盒子的場線，起點和終點都是在盒子外面。因為每一條進入盒子內的場線，都必須離開盒子，因此盒子的淨通量必為零。

請記住，對於一個封閉的表面，其單位法線的方向是指向「離開表面所包圍的體積」的方向。你可以看到流入的通量（進入盒內的線）是負的，因為當 $\vec{E}$ 與 $\hat{n}$ 的夾角大於 90 度時，$\vec{E} \cdot \hat{n}$ 會是負的。而這個通量會與流出的通量（離開盒內的線）互相抵消掉，因為後者是正的，這是因為當 $\vec{E}$ 與 $\hat{n}$ 的夾角小於 90 度時，$\vec{E} \cdot \hat{n}$ 會是正的。

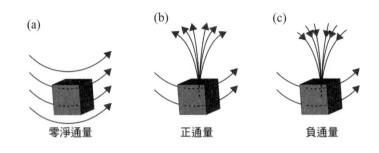

(a) 零淨通量　　(b) 正通量　　(c) 負通量

圖 1.8　穿過封閉表面的通量的線

現在考慮圖 1.8(b) 所示的盒子。穿過這個盒子表面的場線，有一部分的線，起點是在盒外，但是也有一部分的線，起點在盒內。在這種情況，淨場線數目顯然不是零，因為由盒內發出的場線有正的通量，它不會被任何流入的（負的）通量所抵消。因此你可以很明確的說，假如穿過任何封閉表面的通量是正的，則表面內必定包含有場線的源頭（source）。

最後，我們考慮圖 1.8(c) 所示的盒子。這個情況所顯示的是，有一些場線在盒子內部終止了。這些線在穿過表面而進入盒內時，提供了負的通量，而因為它們不離開盒子，所以此負通量不會被任

何正的通量抵消掉。很清楚的，如果穿過一個封閉表面的通量是負的，則表面內必含有一個場線的沉沒點（sink，有時也叫做 drain）。

現在請回憶一下經驗定則的第一條，如何去畫電荷所產生的電場線：它們必須起始於正電荷，而終止於負電荷。所以在圖 1.8(b) 中，場線是由某一點發散出來，這表示有一些正電荷存在於該位置（源頭），而在圖 1.8(c) 中，場線最後聚集於某一點，這表示有一些負電荷存在於該位置（沉沒點）。

假如在上述位置（源頭或沉沒點）的電荷量多一點，則由該點出發、或終止於該點的場線數目會多一點，因此穿過表面的通量也會多一點。而假如在其中的一個盒子內，正電荷的數量與負電荷的數量相等，則正電荷產生的正的（往外）的通量，會完全被負電荷產生的負的（往內）的通量抵消掉。因此在這種情形，通量為零，就像在此時盒內的淨電荷為零一樣。

你現在應該已經瞭解高斯定律背後的推理：穿過任何封閉表面的電通量，即穿過該表面的電場線數目，必須和該表面內所含有的總電荷量成正比。

但是在將此觀念拿來利用之前，你還需要檢視一下高斯定律的右手邊。

$\boxed{q_{\text{enc}}}$ 被包圍的電荷

　　假如你瞭解上一節所描述的電通量的觀念，那就會很清楚的知道，為什麼高斯定律的右手邊只牽涉到被包圍的電荷了，此即在封閉表面內的電荷，據此以算出通量來。簡單的說，任何在表面外的電荷，會對這個封閉表面產生同量的向內（負的）通量與向外（正的）通量，所以對於穿過該表面的通量的淨貢獻為零。

　　你如何決定被一個表面所包圍的電荷？在某些題目中，你可以自由選擇一個封閉表面，去包圍已知數量的電荷，如圖 1.9 所示的情況。其中的每一種情形，在你所選定的表面裡面的總電荷量，很容易由幾何的考量去求得。

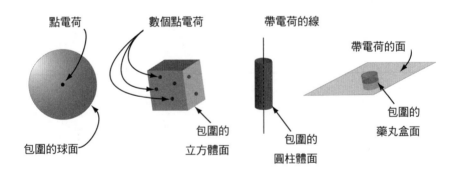

圖 1.9　包圍已知電荷的表面

　　對於某些題目，牽涉到幾組離散的電荷被包圍在任何形狀的表面中，此時要計算總電荷，只要簡單的將各個電荷相加起來即可：

$$\text{被包圍的總電荷} = \sum_i q_i$$

　　在物理和工程的題目中，可能會出現有數目不多的離散電荷，但是在真正的世界裡，你更可能遇到的是帶電的物體，含有幾十億個帶電粒子沿著一條線分布，或者塗抹在一個表面上，或者排列在一個體積中。在這些情況下，去計算每一個個別的電荷是不切實際的，但是假如你知道電荷密度，你就可以計算總電荷。電荷密度可以分為一維、二維或三維（1-D、2-D、或 3-D）。

　　假如我們考慮的線、面或體積，其上的密度是一個常數，則要計算被包圍的電荷，只需要一個簡單的乘法：

$$1\text{-D}: \quad q_{\text{enc}} = \lambda L \quad (L = \text{被包圍的帶電線的長度}) \tag{1.12}$$

$$2\text{-D}: \quad q_{\text{enc}} = \sigma A \quad (A = \text{被包圍的帶電面的面積}) \tag{1.13}$$

$$3\text{-D}: \quad q_{\text{enc}} = \rho V \quad (V = \text{帶電物體被包圍部分的體積}) \tag{1.14}$$

　　你也有可能遇到，在帶電的線、面或體積中的電荷密度並不是一個常數的情形。在此種情形，你就必須用到本章中的「面積分」那一節所描述的積分技巧。因此，

$$1\text{-D}: \quad q_{\text{enc}} = \int_L \lambda \, dl \quad \text{其中} \lambda \text{會沿著電線改變} \tag{1.15}$$

$$2\text{-D}: \quad q_{\text{enc}} = \int_S \sigma \, da \quad \text{其中} \sigma \text{會沿著帶電面改變} \tag{1.16}$$

$$3\text{-D}: \quad q_{\text{enc}} = \int_V \rho \, dV \quad \text{其中} \rho \text{會沿著帶電體改變} \tag{1.17}$$

維數	專門用語	符號	單位
1	線電荷密度	λ	庫侖／公尺（C/m）
2	面電荷密度	σ	庫侖／平方公尺（C/m^2）
3	體電荷密度	ρ	庫侖／立方公尺（C/m^3）

　　你需要注意到，在高斯定律中的電場所牽涉到的總電荷，包含了自由電荷以及被束縛的電荷。你會在下一節學到束縛電荷的問題，而你也可以在本書後面的附錄 A 中，學到只與自由電子有關的高斯定律的版本。

　　當你已經求得被一個任意大小和形狀的表面所包圍的電荷時，那就很容易求出穿過該表面的電通量了，只要將被包圍的電荷量除以真空介電係數 ε_0 即可。

　　ε_0 這個參數的物理意義，將在下一節中描述。

$\boxed{\varepsilon_0}$ 真空介電係數

在高斯定律左邊的電通量，和在右邊的被包圍的電荷量之間，有一個比例常數，是真空介電係數（**真空介電常數**）ε_0。一種材料的介電係數決定此材料對外加電場的反應。在不導電的材料（叫做「絕緣體」或者「介電體」）中，電荷不能自由移動，但是仍可以從它的平衡位置做一個很小的位移。

和高斯定律中的電場有關的介電係數，是真空介電係數，或者叫做「自由空間介電係數」，所以它帶有下標 0。

用國際單位制（SI units），真空介電係數的近似數值是 8.85×10^{-12} C/Vm（庫侖／伏特－公尺）；有時候你可以看到介電係數的單位是 F/m（法拉／公尺），或者更基本的（$C^2 s^2/kg\ m^3$）。真空介電係數更精確的值是：

$$\varepsilon_0 = 8.8541878176 \times 10^{-12}\ \text{C/Vm}$$

這個量的出現，是否表示這個形式的高斯定律只有在真空中才是正確的呢？答案是否定的，在這一章我們所寫出來的高斯定律是非常一般性的，它可以應用到介電材料以及真空中的電場，但是你必須將所有被包圍的電荷量都算進來，包括材料中被原子束縛的電荷。

束縛電荷的效應，可以經由介電體放在一個外加電場中會發生什麼事情來瞭解。在一個介電材料中，總電場的大小，通常會小於外加電場的大小。

理由是：當介電體放在一個電場中時，它會「極化」，也就是說，正電荷與負電荷會從它們原來的位置給移開。因為正電荷是往

一個方向（與外加電場平行）移動，而負電荷則往相反的方向（與外加電場反平行）移動，而這些移動的電荷會產生自己的電場，方向和外加電場相反，如圖 1.10 所示。如此使得在介電體中的淨電場會小於外加電場。

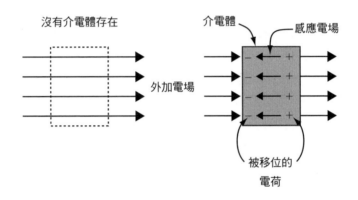

圖 1.10　在一個介電體中感應的電場

　　因為介電材料可以降低電場的強度，這是在介電體的應用中，最常運用到的特性：增加電容量，以及使電容器的操作電壓極大化。你可以回憶一下，一個平行板電容器的電容量（儲存電荷的能力）是：

$$C = \frac{\varepsilon A}{d}$$

其中 A 是板子的面積，d 是兩板之間的距離，而 ε 是兩板之間介電材料的介電係數。高介電係數的材料可以增加電容量，卻不需要較大的板子面積，或者減少兩板之間的距離。

　　介電體的介電係數通常是用相對介電係數來表示，它是材料的介電係數與真空介電係數之比：

$$相對介電係數　\varepsilon_r = \varepsilon/\varepsilon_0$$

　　有一些教科書把相對介電係數叫做「介電常數」，因為介電係數會隨著頻率而改變，所以在這個地方，「常數」的說法並不很恰當 [4]。例如冰的相對介電係數在頻率小於 1 kHz 時，近似值為 81，但是當頻率大於 1 MHz 時，近似值則小於 5。通常我們是把低頻率的介電係數的值，叫做介電常數。

　　另一個關於介電係數必須注意的地方是，一個材料的介電係數是決定電磁波在該材料中傳播時的速率的基本參數，你將會在第 5 章學到這一點。

[4] 譯注：真空介電係數 ε_0 是一個定值，不會隨頻率或其他因素而改變，所以「真空介電常數」的說法，並無任何不妥當的地方。

$$\oint_S \vec{E} \cdot \hat{n} \, da = \frac{q_{\text{enc}}}{\varepsilon_0}$$ **高斯定律的應用（積分形式）**

　　要測試你是否瞭解高斯定律這樣的方程式，其中一個很好的方法是，看你是否有能力利用該方程式，去解相關情況的問題。在此你需注意到高斯定律是：建立了「穿過一個封閉表面的電通量」與「該表面所包圍的電荷量」之間的關係的方程式。以下是你可以利用上述資訊而實際去解題的一些例子。

例題 1.1：
已知電荷分布，求穿過一個包圍該電荷的封閉表面的電通量。

題目　五個點電荷被一個圓柱體表面 S 所包圍。假設這些電荷的量為 $q_1 = +3$ nC，$q_2 = -2$ nC，$q_3 = +2$ nC，$q_4 = +4$ nC，以及 $q_5 = -1$ nC，求穿過 S 的總電通量。

解答　從高斯定律，

$$\Phi_E = \oint_S \vec{E} \cdot \hat{n} \, da = \frac{q_{\text{enc}}}{\varepsilon_0}$$

對於離散的電荷，你知道總電荷量就是各個電荷量的和。
因此，

$$
\begin{aligned}
q_{\text{enc}} &= \text{被包圍的總電荷量} \\
&= \sum_i q_i \\
&= (3 - 2 + 2 + 4 - 1) \times 10^{-9}\,\text{C} \\
&= 6 \times 10^{-9}\,\text{C}
\end{aligned}
$$

所以，

$$
\Phi_E = \frac{q_{\text{enc}}}{\varepsilon_0} = \frac{6 \times 10^{-9}\,\text{C}}{8.85 \times 10^{-12}\,\text{C} \big/ \text{Vm}} = 678\,\text{Vm}
$$

這是穿過任何將這組電荷包圍住的封閉表面的總電通量。

例題 1.2：

已知穿過一個封閉表面的電通量，求被包圍的電荷量。

題目　有一條帶電的線，每單位長度的電荷密度為 $\lambda = 10^{-12}$ C/m，穿過一顆球的中心。假如穿過這顆球表面的電通量為 1.13×10^{-3} Vm，求球的半徑 R 的大小。

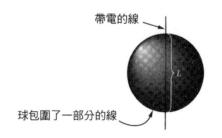

帶電的線

球包圍了一部分的線

解答　長度為 L 的帶電的線，其帶電荷量為 $q = \lambda L$。

因此，

$$\Phi_E = \frac{q_{\text{enc}}}{\varepsilon_0} = \frac{\lambda L}{\varepsilon_0}$$

$$L = \frac{\Phi_E \varepsilon_0}{\lambda}$$

因為 L 是球的半徑 R 的兩倍，也就是說：

$$2R = \frac{\Phi_E \varepsilon_0}{\lambda}$$

$$R = \frac{\Phi_E \varepsilon_0}{2\lambda}$$

將 Φ_E、ε_0 和 λ 的值代入上式，你可以求得 $R = 5 \times 10^{-3}$ m。

例題 1.3：

求穿過一個封閉表面中的某一部分表面的電通量。

題目 一個點電荷放在一個球面的曲率中心點，該球面是整個球面的一部分，由球坐標的角度 θ_1 延伸到 θ_2，以及由 ϕ_1 延伸到 ϕ_2。求穿過上述球面的電通量。

解答 因為題目考慮的表面是一個開放的表面，你必須將電場穿過表面的垂直分量做面積分，才能得到電通量。最後，你可以使該部分球面延伸變成整個球表面，將該點電荷包圍住，如此可以來檢查你的答案是否正確。

計算電通量 Φ_E 的公式是 $\int_S \vec{E} \cdot \hat{n} \, da$，其中 S 是我們考慮的球面，$\vec{E}$ 是在球面上的電場，它是由在曲率中心的點電荷所產生的，而點電荷到球面的距離為 r。由表 1.1 得知，在與一個點電荷距離為 r 處的電場為：

$$\vec{E} = \frac{1}{4\pi\varepsilon_0} \frac{q}{r^2} \hat{r}$$

　　在你做面積分以前，你必須要考慮 $\vec{E} \bullet \hat{n}$（也就是說，你需要求出與表面垂直的電場分量）。在本題中，這個問題很簡單，因為一個球面的單位法線 $\hat{n}$ 的方向是沿著半徑往外的方向（即 $\hat{r}$ 的方向），這可以由圖 1.11 看出來。也就是說，$\vec{E}$ 與 $\hat{n}$ 是平行的，因此電通量為：

$$\Phi_E = \int_S \vec{E} \bullet \hat{n}\, da = \int_S \left|\vec{E}\right|\left|\hat{n}\right| \cos(0°)\, da = \int_S \left|\vec{E}\right| da = \int_S \frac{1}{4\pi\varepsilon_0} \frac{q}{r^2}\, da$$

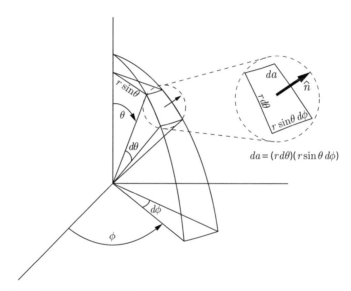

$$da = (r\, d\theta)(r \sin\theta\, d\phi)$$

圖 1.11　一部分球面的幾何圖

　　在這個題目，你的積分範圍只是球面的一部分，所以合乎邏輯的坐標系統選擇是球坐標。因此，面積元素是 $r^2 \sin\theta\, d\theta\, d\phi$，面積分因此變成：

$$\Phi_E = \int_\theta \int_\phi \frac{1}{4\pi\varepsilon_0} \frac{q}{r^2} r^2 \sin\theta\, d\theta\, d\phi = \frac{q}{4\pi\varepsilon_0} \int_\theta \sin\theta\, d\theta \int_\phi d\phi$$

這很容易可以積得：

$$\Phi_E \;=\; \frac{q}{4\pi\varepsilon_0}\left(\cos\theta_1 - \cos\theta_2\right)\left(\phi_2 - \phi_1\right)$$

要檢查這個結果是不是正確，我們將部分球面延伸，變成整個球面
$(\theta_1 = 0,\ \theta_2 = \pi,\ \phi_1 = 0,\ \phi_2 = 2\pi)$。這個結果是：

$$\Phi_E \;=\; \frac{q}{4\pi\varepsilon_0}\left(\,1-(-1)\,\right)\left(2\pi - 0\right) \;=\; \frac{q}{\varepsilon_0}$$

與高斯定律所預測的結果完全一樣。

例題 1.4：

整個表面上的 $\vec{E}$ 為已知，

求穿過該表面的電通量，以及被該表面圍住的電荷量。

題目 已知一條無限長的帶電線，其每單位長度電荷量為 λ，則
由表 1.1 可知，離開此線的垂直距離為 r 處的電場為：

$$\vec{E} \;=\; \frac{1}{2\pi\varepsilon_0}\frac{\lambda}{r}\,\hat{r}$$

上述帶電線的一部分被一個半徑為 r、
高度為 h 的圓柱體包圍住。
試利用上式，
求穿過圓柱體表面的電通量，
並用高斯定律證明
被圓柱體表面包圍住的電荷量為 λh。

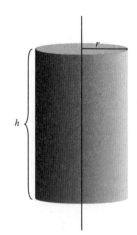

解答　要解像這一類的題目，最好的方法是分別計算穿過「構成該圓柱體的三個面」的電通量，此三個面即：上底、下底以及彎曲的邊面。穿過任何表面的電通量，最一般性的表示式是：

$$\Phi_E = \int_S \vec{E} \cdot \hat{n} \; da$$

應用到本題目，則可以得到：

$$\Phi_E = \int_S \frac{1}{2\pi\varepsilon_0} \frac{\lambda}{r} \hat{r} \cdot \hat{n} \; da$$

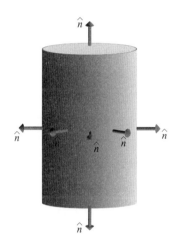

現在，考慮上述三個面的個別單位法線向量：因為電場的方向是由圓柱體的中心軸沿著半徑往外的方向，所以，$\vec{E}$ 和上底與下底的法線互相垂直，而與圓柱體彎曲的邊面的法線平行。因此，你可以有以下三個式子：

$$\Phi_{E,\text{top}} = \int_S \frac{1}{2\pi\varepsilon_0} \frac{\lambda}{r} \hat{r} \cdot \hat{n}_{\text{top}} \; da = 0$$

$$\Phi_{E,\text{bottom}} = \int_S \frac{1}{2\pi\varepsilon_0} \frac{\lambda}{r} \hat{r} \cdot \hat{n}_{\text{bottom}} \; da = 0$$

$$\Phi_{E,\text{side}} = \int_S \frac{1}{2\pi\varepsilon_0} \frac{\lambda}{r} \hat{r} \cdot \hat{n}_{\text{side}} \; da = \frac{1}{2\pi\varepsilon_0} \frac{\lambda}{r} \int_S da$$

因為圓柱體彎曲邊面的面積是 $2\pi rh$，我們得到：

$$\Phi_{E,\text{side}} = \frac{1}{2\pi\varepsilon_0}\frac{\lambda}{r}(2\pi rh) = \frac{\lambda h}{\varepsilon_0}$$

高斯定律告訴你，等式右邊必須是 $q_{\text{enc}}/\varepsilon_0$，因此證明了在本題目中，被包圍住的電荷量為 $q_{\text{enc}} = \lambda h$。

例題 1.5：

已知成對稱性分布的電荷，求 $\vec{E}$ 。

利用高斯定律來求電場，看起來像是不可能的任務。雖然電場出現在方程式中，但是由於點積的運算只有電場的垂直分量會出現，而且必須把該垂直分量做整個表面的積分，所得結果會與表面所包圍的電荷量成正比。在真正的情況下，真的有可能將「出現在高斯定律裡的電場」求出來嗎？

很令人高興的，答案是可以的；你確實可以利用高斯定律求出電場，雖然只有在高度對稱的特殊情況下，才能做到。具體的說，當你可以設計出一個真實的、或者虛擬的「特殊高斯面」，而它包圍了一個已知的電荷量，那就可以利用高斯定律求出電場。

一個特殊高斯面，是指具有以下特性者：

(1) 電場不是平行、就是垂直於表面的法線（如此你可以將點積變成代數的乘積），以及

(2) 將表面分成數部分，而在各部分的表面上，電場是常數或者是零（如此你可以將電場提到積分符號外）。

當然，對於隨意形狀分布的電荷分布，你可以想像，將此電荷包圍的任何表面上的電場，幾乎都不可能滿足上述兩個條件中的任一條件。但是在某些情況下，當電荷分布呈現足夠的對稱性時，你

倒是可以想像出一個特別的高斯面。

　　具體的說，在**球對稱電荷**、**無窮長帶電線**，以及**無窮大帶電面**附近的電場，是可以直接利用積分形式的高斯定律求出電場的。上述理想狀況的近似，或者它們的結合的近似幾何，也可以利用高斯定律來解題。

　　下面的題目告訴你，如何利用高斯定律去求一個球對稱電荷分布附近的電場；其他兩種情況，則放在習題裡面，解答可以在英文網頁上找到（或是參閱中文版〈附錄 C 習題解答〉）。

　　題目　已知一個半徑為 a 的實心球，它帶有均勻分布的電荷，它的體電荷密度為 ρ，試利用高斯定律，求與球心的距離為 r 處的電場。

　　解答　先求球外的電場。因為電荷分布具有球對稱，因此可以很合理的去期待：電場完全是徑向的（即指向球心或離開球心）。

　　假如你認為這個說法不是很清楚，你可以想像電場有非徑向的分量，即在 $\hat{\theta}$ 或者 $\hat{\phi}$ 的方向時，會發生什麼事情。將此球對任何軸（譯者按：是指穿過球心的任何軸）做轉動，你將可能改變電場的方向。但是電荷在整個球是均勻分布的，所以沒有任何方向或定位是特別受歡迎的；將此球轉動，只是將一團電荷換成另外一團電荷——兩團是完全相同的電荷。所以上述的轉動，對電場不可能有任何效應。面對這個謎題，你只能強迫自己去做以下的結論，即一個球對稱分布的電荷，產生的電場是完全徑向的。

　　利用高斯定律去求此徑向電場的值，你必須想像一個表面，它具有特殊高斯面的特性；$\vec{E}$ 必須平行於、或垂直於所有各處表面的法線，而且 $\vec{E}$ 在表面上各處的值是一個常數。對於一個徑向的電場，這只有一個選擇：你的高斯面必須是一個球，其中心點是帶電球的球心，如圖 1.12 所示。需注意的是，並不需要有實際的面存

在，特殊的高斯面可以純粹是想像的，它只是用來讓你可以計算點積，並將電場從高斯定律的面積分中提出來。

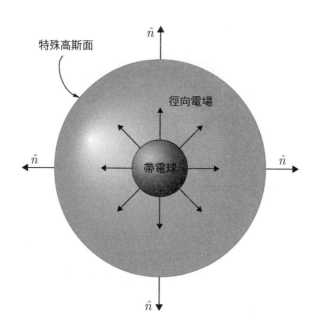

特殊高斯面

$\hat{n}$

徑向電場

$\hat{n}$

帶電球

$\hat{n}$

$\hat{n}$

圖 1.12　包圍住一個帶電球的特殊高斯面

因為徑向電場和表面任何地方的法線都平行，在高斯定律積分中的 $\vec{E} \cdot \hat{n}$，就變成 $\left|\vec{E}\right|\left|\hat{n}\right|\cos(0°)$，而穿過高斯面 S 的電通量為：

$$\Phi_E = \oint_S \vec{E} \cdot \hat{n}\ da = \oint_S \vec{E}\ da$$

因為 $\vec{E}$ 與 θ 和 ϕ 都無關，所以它在 S 上必須是常數，因此我們可以將它提出到積分符號外：

$$\Phi_E = \oint_S \vec{E}\ da = E \oint_S da = E\left(4\pi r^2\right)$$

其中 r 是特殊高斯面的半徑。由此你可以用高斯定律去求出電場的值：

$$\Phi_E \;=\; E\left(4\pi r^2\right) \;=\; \frac{q_{enc}}{\varepsilon_0}$$

即

$$E \;=\; \frac{q_{enc}}{4\pi\varepsilon_0 r^2}$$

其中 q_{enc} 是你的高斯面所包圍住的電荷量。你可以用此表示式去求帶電球外以及球內的電場。

要求出球外的電場，必須先建構你的高斯面，使其半徑 $r > a$，使得整個帶電球都在高斯面內。這表示被包圍住的電荷量是：電荷密度乘以整個帶電球的體積，也就是 $q_{enc} = (4/3)\,\pi a^3 \rho$。因此，

$$E \;=\; \frac{\left(4/3\right)\pi a^3 \rho}{4\pi\varepsilon_0 r^2} \;=\; \frac{\rho a^3}{3\varepsilon_0 r^2} \quad (\text{球外})$$

要求出帶電球內的電場，就建構你的高斯面，使半徑 $r < a$。在這個情況下，被包圍住的電荷量是：電荷密度乘以高斯面所包圍的體積，也就是 $q_{enc} = (4/3)\,\pi r^3 \rho$。因此，

$$E \;=\; \frac{\left(4/3\right)\pi r^3 \rho}{4\pi\varepsilon_0 r^2} \;=\; \frac{\rho r}{3\varepsilon_0} \quad (\text{球內})$$

要成功的利用特殊高斯面，關鍵是：確認這個面的適當形狀，並調整其大小，使得它會穿過你想要計算電場的點。

1.2　高斯定律的微分形式

　　電場的高斯定律的積分形式，建立了「穿過一個表面的電通量」與「該表面所包圍的電荷量」之間的關係，但是就像所有的馬克士威方程式，高斯定律也可以寫成微分形式。通常微分形式是寫成以下形式：

$$\vec{\nabla} \cdot \vec{E} = \frac{\rho}{\varepsilon_0} \quad \text{電場的高斯定律（微分形式）}$$

方程式左邊是電場的散度的數學描述，是電場從一個我們考慮的位置「流動」出去的趨勢，而方程式右邊則是電荷密度除以真空介電係數。

　　假如你對 del $(\vec{\nabla})$ 這個算符，或者對散度這個觀念不清楚的話，不必擔心，在下面幾節，我們就將要來仔細討論。目前最重要的是你必須確定，你已經抓住高斯定律微分形式的主要觀念：

> 由電荷產生的電場，是由正電荷發散出去，
> 而由負電荷收斂回來。

換句話說，電場的散度不等於零的地方，只有發生在有電荷存在的地方。假如有正電荷存在，散度為正，其意義是電場有從該點「流動」出去的趨勢。假如有負電荷存在，散度是負的，電場線有往該點「流動」的趨勢。

　　必須注意的是，高斯定律的微分形式和積分形式，有基本不同
的地方；微分形式處理的是**在個別位置**的電場散度以及電荷密度，
而積分形式則是去計算電場的垂直分量在**一整個表面**的積分。你如
果能熟悉這兩種形式，在解問題時，你就可以選擇最合適的形式去
解題。

　　為了幫助你瞭解電場的高斯定律微分形式中，每一個符號的意
義，我們將該方程式放大如下：

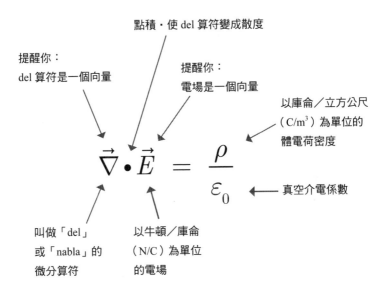

　　高斯定律的微分形式有多麼有用呢？在任何題目中，如果在
一個具體位置上，電場向量的空間變化為已知，則你可以利用這個
微分形式，去求出該位置的體電荷密度。而如果是體電荷密度為已
知，則可以求出電場的散度。

$\boxed{\vec{\nabla}}$ Nabla，也叫做 del 算符

　　在所有四個馬克士威方程式的微分形式中，都出現了「大寫希臘字母 Δ（delta）的倒置」這個符號。這符號代表一個向量微分算符，叫做「nabla」（劈形算符）或者「del」。它的出現，是要你對此算符所作用的量做微分。微分得出來的量的精確形式，與跟隨在 del 算符後面的符號有關，如果是「$\vec{\nabla}\bullet$」，這代表散度（divergence），如果是「$\vec{\nabla}\times$」則是指旋度（curl），而 $\vec{\nabla}$ 則是指梯度（gradient）。這些運算將會在下面幾節中陸續討論。現在我們只考慮 del 是一個怎麼樣的算符，以及使用笛卡兒坐標時，如何將此算符寫出來。

　　就像所有好的數學算符一樣，del 也是一個作用於它後面符號的運算。就像根號 $\sqrt{}$ 告訴你取這符號內任何東西的平方根，而 $\vec{\nabla}$ 是要你去取三個方向的微分。具體的說，

$$\vec{\nabla} \equiv \hat{i}\frac{\partial}{\partial x} + \hat{j}\frac{\partial}{\partial y} + \hat{k}\frac{\partial}{\partial z} \qquad (1.18)$$

其中 $\hat{i}$、$\hat{j}$、$\hat{k}$ 分別是笛卡兒坐標中 x、y、z 三個方向的單位向量。這個表示式看起來有點奇怪，因為它後面缺少了可以運算的東西。在「電場的高斯定律」的微分形式中，del 算符與電場取點積，形成 $\vec{E}$ 的散度。下一節，我們將來描述這個運算及其結果。

$$\boxed{\vec{\nabla}\cdot}\quad \textbf{散度（del 後面接·）}$$

在物理和工程的許多領域裡，散度是一個很重要的觀念，尤其是與向量場的行為有關的部分。馬克士威創造出「收斂度」（convergence）這個名詞去描述一個數學的運算，它測量出電場線「流」向帶有負電荷的點的流量率（這意義是說：與負電荷相關的是正的收斂度）。幾年以後，黑維塞建議用「散度」（divergence）這個名詞去描述相同的量，但是帶有相反的符號。所以，正的散度是與「由正電荷『流』出的電場線」有關。

通量與散度兩者，都是與向量場的「流動」有關的量，但是兩者有很重要的差別。通量的定義是針對一個面積，而散度則是針對個別的點。在流體流動的例子，任何一點的散度是「流動向量由該點發散出去的傾向」的量度（亦即，由該點帶出去的物質，比帶進來的物質還多）。因此，正的散度是源頭（在流體流動的例子是水源，在靜電場的例子是正電荷），而負散度的點則是沉沒點（在流體流動的例子是水槽，在靜電場的例子是負電荷）。

我們可以藉由考慮「穿過一個無限小的表面的通量」（這個表面包圍了我們有興趣的點），來瞭解散度的數學定義。你可以取「向量場 $\vec{A}$ 穿過一個表面 S 的通量」與「被 S 包圍的體積」之比，並令體積趨近於零，你就會得到 $\vec{A}$ 的散度：

$$\text{div}\left(\vec{A}\right) = \vec{\nabla}\cdot\vec{A} \equiv \lim_{\Delta V\to 0}\frac{1}{\Delta V}\oint_S \vec{A}\cdot\hat{n}\,da \tag{1.19}$$

雖然上式告訴我們散度與通量的關係，但是它對我們要算出一個向量場的散度，幫助不大。在本節後面，你會找到一個對使用者更友

善的散度的數學表示式，但是現在你必須先研究一下圖 1.13 所示的
向量場。

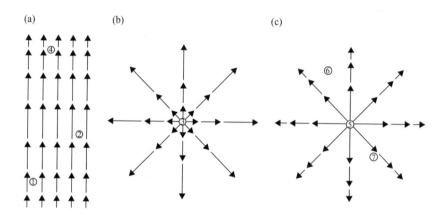

圖 1.13　有不同散度值的一些向量場

　　要找出這些向量場的正散度的位置，就等於要找出「流動向量
發散出去的點」，或是「往外的向量比較長、而往內的向量比較短
的點」。有些電磁學書籍的作者會建議你想像：將鋸木屑噴灑在流
水上，去評斷散度；假如鋸木屑是被驅散的，則你選擇的是正散度
的點，假如鋸木屑是更集中的，則你選擇的是負散度的點。

　　利用上述的測試方法，我們可以清楚知道，圖 1.13(a) 的點 1 與
點 2，以及圖 1.13(b) 的點 3 是正散度的位置。而圖 1.13(a) 的點 4，
散度是負的。

　　圖 1.13(c) 中各點的散度，則比較沒有那麼清楚。點 5 是明顯的
一個正的散度點，但是點 6 和點 7 呢？穿過這兩點的流線，很明顯
的是往外發散出去，但是這些流線在距離中心點（點 5）愈遠處，
卻變得愈短。這些流線的發散出去，是否與它的變慢下來，互相抵
消了呢？

　　要回答這個問題，就需要一個有用的散度的數學形式，以及一個向量場如何由一點變化到另外一點的描述。散度或者「del dot」（$\vec{\nabla} \cdot$）作用於向量 $\vec{A}$ 的數學運算的微分形式，在笛卡兒坐標是：

$$\vec{\nabla} \cdot \vec{A} \;=\; \left(\hat{i} \frac{\partial}{\partial x} + \hat{j} \frac{\partial}{\partial y} + \hat{k} \frac{\partial}{\partial z} \right) \cdot \left(\hat{i} A_x + \hat{j} A_y + \hat{k} A_z \right)$$

而因為 $\hat{i} \cdot \hat{i} = \hat{j} \cdot \hat{j} = \hat{k} \cdot \hat{k} = 1$，上式變成：

$$\vec{\nabla} \cdot \vec{A} \;=\; \left(\frac{\partial A_x}{\partial x} + \frac{\partial A_y}{\partial y} + \frac{\partial A_z}{\partial z} \right) \tag{1.20}$$

因此，一個向量場 $\vec{A}$ 的散度可以很簡單的表示成：沿 x 軸方向的 x 分量的變化，加上沿 y 軸方向的 y 分量的變化，再加上沿 z 軸方向的 z 分量的變化。需要注意的是，一個向量場的散度是一個純量；它有大小，但是沒有方向。

　　現在，你可以應用這個式子 (1.20) 到圖 1.13 的向量場了。在圖 1.13(a)，場的方向是在 x 軸方向（在這裡它是鉛直方向），我們假設向量場的大小是以正弦的形式來變化，即 $\vec{A} = \sin(\pi x)\hat{i}$，而在 y 和 z 方向都是常數。因此：

$$\vec{\nabla} \cdot \vec{A} \;=\; \frac{\partial A_x}{\partial x} \;=\; \pi \cos(\pi x)$$

因為 A_y 和 A_z 都為零。這個表示式在 $0 < x < 1/2$ 是正的，在 $x = 1/2$ 是 0，而在 $1/2 < x < 3/2$ 是負的，正如你眼睛所觀察到的。

　　現在來考慮圖 1.13(b)，它代表的是一個球對稱向量場的切片，場的大小隨著與原點距離的平方而增加。因此 $\vec{A} = r^2 \hat{r}$。

由於 $r^2 = (x^2 + y^2 + z^2)$，而 $\hat{r} = \dfrac{x\hat{i} + y\hat{j} + z\hat{k}}{\sqrt{x^2 + y^2 + z^2}}$

由此得到：

$$\vec{A} = r^2 \hat{r} = \left(x^2 + y^2 + z^2\right)\frac{x\hat{i} + y\hat{j} + z\hat{k}}{\sqrt{x^2 + y^2 + z^2}}$$

先對 x 微分，得到：

$$\frac{\partial A_x}{\partial x} = \left(x^2 + y^2 + z^2\right)^{\frac{1}{2}} + x\left(\frac{1}{2}\right)\left(x^2 + y^2 + z^2\right)^{-\frac{1}{2}}\left(2x\right)$$

接著也對 y 和 z 分量做同樣的微分，然後將它們相加，就會得到：

$$\begin{aligned}
\vec{\nabla} \cdot \vec{A} &= \left(\frac{\partial A_x}{\partial x} + \frac{\partial A_y}{\partial y} + \frac{\partial A_z}{\partial z}\right) \\
&= 3\left(x^2 + y^2 + z^2\right)^{\frac{1}{2}} + \left(x^2 + y^2 + z^2\right)\left(x^2 + y^2 + z^2\right)^{-\frac{1}{2}} \\
&= 4\left(x^2 + y^2 + z^2\right)^{\frac{1}{2}} \\
&= 4r
\end{aligned}$$

因此，圖 1.13(b) 的向量場的散度，隨著和原點的距離增加，而呈線性的增加。

最後考慮圖 1.13 (c) 的向量場，它和前一個例子相似，但是向量場的大小是隨著和原點距離的平方而減小。其流線就和圖 1.13(b) 的情形一樣，是往外發散的，但是在這個情況你可能會懷疑，向量場大小的遞減，必然會影響到它的散度的值。

由於 $\vec{A} = \left(1/r^2\right)\hat{r}$，因此，

$$\vec{A} = \frac{1}{\left(x^2 + y^2 + z^2\right)}\frac{x\hat{i} + y\hat{j} + z\hat{k}}{\sqrt{x^2 + y^2 + z^2}} = \frac{x\hat{i} + y\hat{j} + z\hat{k}}{\left(x^2 + y^2 + z^2\right)^{3/2}}$$

先對 x 微分，得到：

$$\frac{\partial A_x}{\partial x} = \left(x^2+y^2+z^2\right)^{-\frac{3}{2}} - x\left(\frac{3}{2}\right)\left(x^2+y^2+z^2\right)^{-\frac{5}{2}}\left(2x\right)$$

接著，也對 y 和 z 分量做同樣的微分，然後將它們相加，就會得到：

$$\vec{\nabla}\bullet\vec{A} = \left(\frac{\partial A_x}{\partial x}+\frac{\partial A_y}{\partial y}+\frac{\partial A_z}{\partial z}\right)$$
$$= 3\left(x^2+y^2+z^2\right)^{-\frac{3}{2}} - 3\left(x^2+y^2+z^2\right)\left(x^2+y^2+z^2\right)^{-\frac{5}{2}}$$
$$= 0$$

這個結果證實了你的懷疑：向量場的大小會隨著與原點的距離而遞減，會和流線的往外發散互相抵消掉。但是需注意的是，這個結論只有在向量場的大小是以 $1/r^2$ 的方式遞減的情況，才能成立。（這個情況和電場是特別有關連的，看到下一節你就會明白。）

當你考慮電場的散度時，必須記住，有一些題目若採用非笛卡兒坐標，會更容易得到答案。例如，運用以下的兩個公式，你可以用圓柱坐標或球坐標去計算散度：

$$\vec{\nabla}\bullet\vec{A} = \frac{1}{r}\frac{\partial}{\partial r}(rA_r)+\frac{1}{r}\frac{\partial A_\phi}{\partial \phi}+\frac{\partial A_z}{\partial z} \quad (\text{圓柱坐標}) \qquad (1.21)$$

以及

$$\vec{\nabla}\bullet\vec{A} = \frac{1}{r^2}\frac{\partial}{\partial r}(r^2 A_r)+\frac{1}{r\sin\theta}\frac{\partial}{\partial \theta}(A_\theta\sin\theta)+\frac{1}{r\sin\theta}\frac{\partial A_\phi}{\partial \phi}$$
$$(\text{球坐標}) \qquad (1.22)$$

假如你懷疑選擇適當坐標系統的功效，那你應當將本節的最後兩個例子——圖 1.13(b) 向量場的散度、與圖 1.13(c) 向量場的散度，重新用球坐標去計算一次。

$$\boxed{\vec{\nabla} \cdot \vec{E}}\quad\textbf{電場的散度}$$

上面這個表示式是高斯定律的微分形式等號左邊的全部,代表電場的散度。在靜電場,所有的電場線由正電荷所在的點開始,而終止於負電荷所在的點,所以我們可以瞭解,這個表示式與我們考慮的位置處的電荷密度成正比。

考慮一個正點電荷產生的電場,電場線由正電荷發出,而由表 1.1,你知道電場是在徑向、以 $1/r^2$ 的方式遞減:

$$\vec{E} \ = \ \frac{1}{4\pi\varepsilon_0}\, \frac{q}{r^2}\, \hat{r}$$

這和圖 1.13(c) 所示的向量場相似,它的散度為零。因此,電場線的向外發散,很精確的被場的大小以 $1/r^2$ 的遞減所彌補,而離開原點處的每一個點的電場散度都為零。

上面的分析不包含原點(該處 $r = 0$)的原因是,散度的表示式包含了 r 在分母的項,而這些項在 r 趨近於零時會有問題。要計算在原點的散度,我們用散度的正式定義:

$$\vec{\nabla} \cdot \vec{E} \ \equiv \ \lim_{\Delta V \to 0} \frac{1}{\Delta V} \oint_S \vec{E} \cdot \hat{n}\, da$$

考慮一個包圍點電荷 q 的特殊高斯面,它是:

$$\vec{\nabla} \cdot \vec{E} \ \equiv \ \lim_{\Delta V \to 0}\left(\frac{1}{\Delta V} \frac{q}{4\pi\varepsilon_0 r^2} \oint_S da \right)$$

$$= \ \lim_{\Delta V \to 0}\left(\frac{1}{\Delta V} \frac{q}{4\pi\varepsilon_0 r^2} \left(4\pi r^2\right) \right)$$

$$= \ \lim_{\Delta V \to 0}\left(\frac{1}{\Delta V} \frac{q}{\varepsilon_0} \right)$$

然而，$q/\Delta V$ 就是體積 ΔV 內的平均電荷密度，而當 ΔV 縮小到零時，它就等於在原點的電荷密度 ρ。因此，在原點的散度是

$$\vec{\nabla} \cdot \vec{E} = \frac{\rho}{\varepsilon_0}$$

和高斯定律一致。

　　花一點時間去確認你真的瞭解這一點的重要性，是非常值得的。小心的看一下一個點電荷附近的電場線，你會發現它們到處「發散」（即每一個地方，場線之間的距離都愈離愈遠）。但是你已經看到了，大小以 $1/r^2$ 遞減的徑向向量場，實際上除了源頭的點以外，其他地方的散度都是*等於零*。要決定每一點的散度，關鍵的因素並不是只看在該點場線之間的距離，而是要看包圍住該點的一個小體積，看看*流出*該體積的場通量是大於、等於、或者是小於流進該體積的通量。假如流出的通量大於流進的通量，則在該點的散度是正的。假如流出的通量小於流進的通量，則在該點的散度是負的。而假如流出的與流進的通量相等，則在該點的散度是零。

　　在一個點電荷位於原點的情況，穿過一個無限小的表面的通量，只有在該表面包圍住了原點時，其散度不等於零。其他任何地方，流進和流出該小表面的通量必須相同（因為它不含電荷），因此電場的散度必須等於零。

$$\boxed{\vec{\nabla} \cdot \vec{E} = \frac{\rho}{\varepsilon_0}}$$ **高斯定律的應用（微分形式）**

　　你遇到的問題中，能夠利用高斯定律的微分形式去解決的，是要去計算電場的散度，並利用計算結果去決定某一個具體位置的電荷密度。

　　下面的這些例子，應該可以幫助你去瞭解，如何解這種型態的問題。

例題 1.6：

已知電場向量的表示式，求在某一個具體位置的電場散度。

題目　如果圖 1.13(a) 的向量場，在 $-0.5 < x < +0.5$ 以及 $-0.5 < y < +0.5$ 的範圍內，改為 $\vec{A} = \sin\left(\dfrac{\pi}{2} y\right)\hat{i} - \sin\left(\dfrac{\pi}{2} x\right)\hat{j}$，則其場線與圖 1.13(a) 中的場線會有何不同？而其散度為何？

解答　當你遇到像這一類的問題，也許你會想要馬上去取其微分並求場的散度。但是一個更好的方法是，先去思考一下這個場，並想像場線的樣子，在某一些情況下，這也許不容易。很幸運的，目前有幾種不同的計算軟體，例如 *MATLAB* ® 以及免費的表兄弟 *Octave* 軟體，這些工具對於要瞭解向量場的細節，可以提供快速的幫助。利用 *MATLAB* ® 中的「quiver」指令，可以得到圖 1.14 所示的場線。

　　假如你對場的方向感到驚訝，則你需注意到場的 x 分量與 y 有

關（所以在 x 軸上面，場指向右方，而在 x 軸下面，場指向左方），
而場的 y 分量與負的 x 有關（所以在 y 軸左邊，場指向上方，而在
y 軸右邊，場指向下方）。將這些特徵合在一起，可以得到如圖 1.14
所畫出來的場。仔細的檢查這個場，你會發現流線不收斂也不發
散，只是環繞、又回到它們原先的位置。

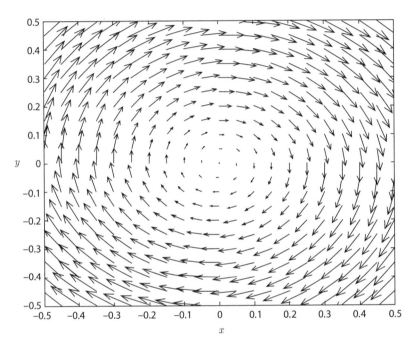

圖 1.14　**向量場** $\vec{A} = \sin\left(\dfrac{\pi}{2}\,y\right)\hat{i} - \sin\left(\dfrac{\pi}{2}\,x\right)\hat{j}$

計算這個場的散度，便可證實上面的觀察：

$$\vec{\nabla} \cdot \vec{A} = \frac{\partial}{\partial x}\left[\sin\left(\frac{\pi}{2}\,y\right)\right] - \frac{\partial}{\partial y}\left[\sin\left(\frac{\pi}{2}\,x\right)\right] = 0$$

場線環繞、又回到它們原先位置的電場,並不是由電荷所產生的,而是由磁場的改變所產生的。這種「無散場」的電場,將會在第 3 章討論。

例題 1.7:
已知在一個具體範圍內的電場,
求在該範圍內某一個位置的電荷密度。

題目 在以下範圍內,假設電場已知為

$$\vec{E} = ax^2\,\hat{i}\,\frac{\mathrm{V}}{\mathrm{m}} \quad (\text{從 } x = 0 \text{ 到 } 3\,\mathrm{m}) \text{,以及}$$

$$\vec{E} = b\,\hat{i}\,\frac{\mathrm{V}}{\mathrm{m}} \quad (\text{在 } x > 3\,\mathrm{m} \text{ 處}) \text{,}$$

求在 $x = 2\,\mathrm{m}$ 和 $x = 5\,\mathrm{m}$ 兩處的電荷密度。

解答 由高斯定律,在 $x = 0$ 到 $3\,\mathrm{m}$ 的範圍內,

$$\vec{\nabla} \bullet \vec{E} = \frac{\rho}{\varepsilon_0} = \left(\hat{i}\frac{\partial}{\partial x} + \hat{j}\frac{\partial}{\partial y} + \hat{k}\frac{\partial}{\partial z} \right) \bullet \left(ax^2\,\hat{i} \right)$$

$$\frac{\rho}{\varepsilon_0} = \frac{\partial\left(ax^2\right)}{\partial x} = 2xa$$

$$\rho = 2xa\varepsilon_0$$

因此在 $x = 2\,\mathrm{m}$ 處,$\rho = 4a\varepsilon_0$。

在 $x > 3\,\mathrm{m}$ 的範圍,

$$\vec{\nabla} \bullet \vec{E} = \frac{\rho}{\varepsilon_0} = \left(\hat{i}\frac{\partial}{\partial x} + \hat{j}\frac{\partial}{\partial y} + \hat{k}\frac{\partial}{\partial z} \right) \bullet \left(b\,\hat{i} \right) = 0$$

所以在 $x = 5\,\mathrm{m}$ 處,$\rho = 0$。

習 題

　　下面這一些題目，是要測試你對電場的高斯定律的瞭解程度。本書的網站（及附錄 C）提供有完整的解答。

1.1　有一個球面包圍住 15 個質子和 10 個電子，求穿過該球面的電通量。你的答案和球面的大小有關嗎？

1.2　一個每邊長為 L 的立方體，其中含有一個帶電的平面盤子，它的面電荷密度不是常數，而是 $\sigma = -3xy$。假如盤子的範圍是從 $x = 0$ 延伸到 $x = L$，以及從 $y = 0$ 延伸到 $y = L$，求穿過此立方體各個牆壁的總電通量為多少？

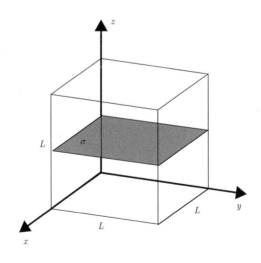

1.3　有一個兩端封閉的圓柱體，其中含有一條沿著其中心軸的帶電線，線性電荷密度為 $\lambda = \lambda_0 \left(1 - x/h \right)$ C/m，而圓柱體以及帶電線由 $x = 0$ 延伸到 $x = h$。求穿過此圓柱體表面的總電通量。

1.4　有一個半徑為 a_0 的帶電球，體電荷密度為 $\rho = \rho_0\,(r/a_0)$，其中 r 是與該球球心的距離，求穿過包圍該球任何封閉表面的電通量。

1.5　有一個帶電的圓盤，面電荷密度為 $2\times10^{-10}\,\mathrm{C/m^2}$，被一個半徑為 1 m 的球包圍住。假如穿過此球的電通量為 $5.2\times10^{-2}\,\mathrm{Vm}$，求此圓盤的半徑。

1.6　一個尺寸為 10 cm × 10 cm 的平面板，與一個電荷量為 $10^{-8}\,\mathrm{C}$ 的點電荷相距 5 cm。求此點電荷產生的電通量，有多少穿過此平面板？

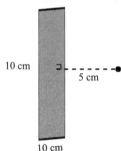

10 cm

5 cm

10 cm

1.7　一個高度為 h 的圓柱體，中心軸上有電荷密度為 λ 的無限長的帶電線，求穿過半個圓柱體的電通量，假設沒有其他電荷存在。

1.8　一個質子位於一個半球形碗的碗面圓中心點靜止不動，碗的半徑為 R。則穿過此碗表面的電通量有多少？

1.9 試用一個特殊高斯面，去包圍一條無限長的帶電線，由此去找出此帶電線產生的電場，電場的大小為（與帶電線的）距離的函數。

1.10 試用一個特殊高斯面去證明，一個無限延伸的帶電面所產生的電場的大小為 $\left|\vec{E}\right| = \sigma/2\varepsilon_0$（$\sigma$ 為帶電面的面電荷密度）。

1.11 試用球坐標，求向量場 $\vec{A} = \left(1/r\right)\hat{r}$ 的散度。

1.12 試用球坐標，求向量場 $\vec{A} = r\hat{r}$ 的散度。

1.13 已知一個向量場為 $\vec{A} = \cos\left(\pi y - \dfrac{\pi}{2}\right)\hat{i} + \sin\left(\pi x\right)\hat{j}$，

試畫出此場的場線草圖，並求其散度。

1.14 已知某一個區域的電場，可以用圓柱坐標表示為

$$\vec{E} = \frac{az}{r}\hat{r} + br\,\hat{\phi} + cr^2 z^2\,\hat{z} \,,$$

求該區域的電荷密度。

1.15 已知某一個區域的電場，可以用球坐標表示為

$$\vec{E} = ar^2\,\hat{r} + \frac{b\cos\theta}{r}\hat{\theta} + c\,\hat{\phi} \quad,$$

求該區域的電荷密度。

第2章

磁場的高斯定律

Gauss's Law
for
Magnetic
Fields

〈磁場的高斯定律〉與〈電場的高斯定律〉
在形式上相同，但是內容相異。
對電場和磁場來說，高斯定律的積分形式都牽涉到了：
穿過一個封閉表面的場的通量；
而微分形式則明確顯示了：場在某一點的散度。

高斯定律的電場與磁場版本不同處，關鍵點是在：
相反的電荷（叫做「正的」和「負的」）是可以互相分離的，
但是相反的磁極（叫做「北極」和「南極」）永遠成對出現。
你也許可以預料到，由於在自然界沒有單獨存在的磁極，
這對於磁通量與磁場散度，都有相當大的衝擊。

2.1   高斯定律的積分形式

不同的教科書可能有不同的標示法，但是一般而言，積分形式
是寫成像以下的式子：

$$\oint_S \vec{B} \cdot \hat{n}\, da \; = \; 0 \quad \textit{磁場的高斯定律（積分形式）}$$

就像第 1 章所描述的，此方程式的左邊是一個數學描述，描述
穿過一個封閉表面的向量場通量。在這裡，磁場的高斯定律所指的
是磁通量（即磁場線的數目）穿過一個封閉表面 S。而方程式的右
邊，則是明確為零。

在本章，你會瞭解到為何這個定律會和電場的情形時不同，而
你也會找到一些如何用磁場的版本去解問題的例子。但是首先你需
確認，你已經瞭解了磁場的高斯定律的主要觀念：

> 穿過任何封閉表面的總磁通量，等於零。

換句話說，你如果有一個真實的、或者想像的任何大小或形狀的
封閉表面，則穿過該表面的磁通量必為零。必須注意的是，這並
不表示沒有磁場線穿過這個表面；這是表示：進入該表面所包圍的
體積的每一條磁場線，都會陪伴著有另外一條磁場線離開該體積。
因此，流入（負的）磁通量必須精確的由流出（正的）磁通量所平
衡。

因為磁場的高斯定律用到的許多符號，與上一章所用的相同，
因此在這一章，你將只看到一些這個定理的罕見符號的介紹。

以下是放大的公式：

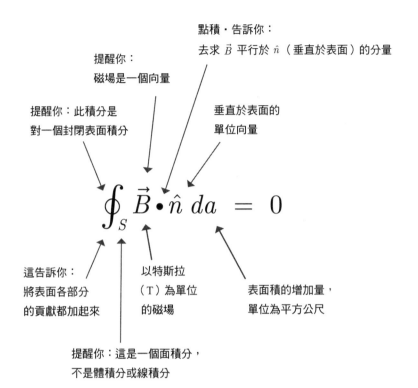

點積‧告訴你：
去求 $\vec{B}$ 平行於 $\hat{n}$（垂直於表面）的分量

提醒你：
磁場是一個向量

垂直於表面的
單位向量

提醒你：此積分是
對一個封閉表面積分

$$\oint_S \vec{B} \cdot \hat{n}\, da = 0$$

這告訴你：
將表面各部分
的貢獻都加起來

以特斯拉
（T）為單位
的磁場

表面積的增加量，
單位為平方公尺

提醒你：這是一個面積分，
不是體積分或線積分

　　磁場的高斯定律是直接由於自然界沒有單獨存在的磁極而來。假如有單獨存在的磁極（磁單極），則它們將扮演磁場線的源頭和沉沒點的角色，就如電荷在電場線所扮演的角色一樣。在這個情況下，在一個封閉表面內，如果包圍有磁單極，則將會產生不為零的磁通量穿過此表面。（就和包圍住一個電荷，就會有不為零的電通量一樣。）到目前為止，所有嘗試去找磁單極的努力都沒有成功，而每一個磁北極都會伴隨有一個磁南極。因此，磁場的高斯定律的右手邊，恆等於零。

　　知道穿過一個封閉表面的磁通量必須等於零，這讓你可以解一些含有複雜表面的問題，尤其是穿過一部分表面的磁通量能夠用積分積出來時。

$\boxed{\vec{B}}$ 磁場

　　就像電場能夠用「靜電力作用於一個很小的檢驗電荷」來定義出來，磁場則能夠用「一個運動的帶電粒子所受的磁力」來定義出來。你可以回憶一下，一個帶電粒子只有在它與磁場有相對運動時，才會感受到有磁力的作用，如勞侖茲方程式的磁力公式所示：

$$\vec{F}_B \;=\; q\,\vec{v} \times \vec{B} \tag{2.1}$$

其中，$\vec{F}_B$ 是磁力，q 是粒子的電荷，$\vec{v}$ 是粒子的速度（相對於磁場 $\vec{B}$）。

　　利用向量叉積的定義，即 $\left|\vec{a}\times\vec{b}\right| = |\vec{a}|\,|\vec{b}|\sin\theta$，其中 θ 是 $\vec{a}$ 與 $\vec{b}$ 之間的夾角，因此磁場的大小可寫成：

$$\left|\vec{B}\right| \;=\; \frac{\left|\vec{F}_B\right|}{q\,|\vec{v}|\sin\theta} \tag{2.2}$$

其中，θ 是速度 $\vec{v}$ 與磁場 $\vec{B}$ 之間的夾角。磁場相關的量的術語，並不如電場相關的量來得標準化，所以你也許會發現有一些教科書將 $\vec{B}$ 叫做「磁感應」或者「磁通量密度」。不管它叫做什麼，$\vec{B}$ 的單位相當於 N /(C m/s)，也可以寫成 Vs/m^2、N/(Am)、kg/(Cs)，或者最簡單的 Tesla（T，特斯拉）。

　　比較方程式 (2.2) 以及和電場有關的方程式 (1.1)，可以清楚的發現，磁場和電場有幾個重要不同的地方：

● 　跟電場一樣，磁場直接與磁力成正比。但是和電場 $\vec{E}$ 不一樣的

地方是，電場與靜電力平行或者反平行，而磁場 $\vec{B}$ 的方向與磁力垂直。

● 跟 $\vec{E}$ 一樣，磁場可以用一個小檢驗電荷所受的磁力來定義，但是和 $\vec{E}$ 不同的地方是，當磁力與磁場做關連時，必須考慮檢驗電荷的速率與方向。

● 因為磁力與速度在任何時刻都互相垂直，因此在位移方向的分力會等於零，所以磁場所做的功永遠等於零。

● 靜電場是由電荷所產生，靜磁場則是由電流所產生。

磁場可以用場線來表示，場線在和它垂直的平面上的密度，與場的強度成正比。圖 2.1 畫了一些和高斯定律有關的磁場例子。

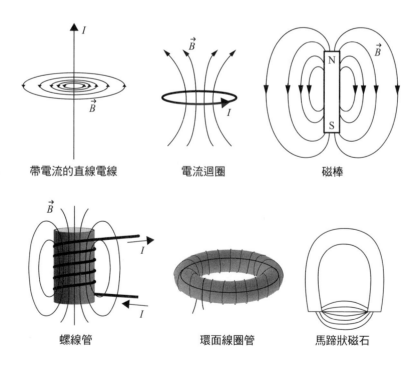

帶電流的直線電線　　　電流迴圈　　　磁棒

螺線管　　　環面線圈管　　　馬蹄狀磁石

圖 2.1　磁場的例子

以下是一些經驗定則，可以幫助你想像並畫出由電流所產生的磁場：

● 磁場線不是由電荷出發，也不會終止於電荷，它們形成封閉的線圈。

● 磁石產生的磁場線，是由北極出發、而終止於南極，實際上是連續的迴圈（在磁石內，場線由南極連到北極）。

● 任何一點的淨磁場，是在該點的所有磁場的向量和。

● 磁場線永遠不會互相交叉，因為如果是這樣，表示在該點有兩個不同方向的磁場。假如在同一點有兩個或兩個以上的磁場來源的場，則它們需相加（向量相加）去產生一個單一的場——這就是該點的總磁場。

所有靜磁場都是由在做運動的電荷所產生的。一個很小的電流元素，在一個具體的點 P 對磁場的貢獻 $d\vec{B}$，乃是由「必歐－沙伐定律」來規範：

$$d\vec{B} \ = \ \frac{\mu_0}{4\pi} \frac{Id\vec{l} \times \hat{r}}{r^2}$$

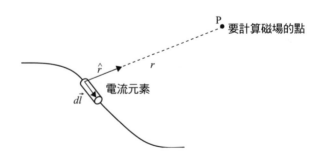

圖 2.2　必歐－沙伐定律的幾何圖

在左頁的式子中，μ_0 是真空磁導率，I 是流過小元素的電流；$\vec{dl}$ 是一個向量，大小是電流元素的長度，方向是電流的方向，就如圖 2.2 所示；$\hat{r}$ 是從電流元素指向 P 的單位向量，而我們是要計算在 P 的磁場；最後，r 是電流元素到 P 之間的距離。

表 2.1 中，列了在一些簡單物體附近的磁場方程式。

表 2.1　一些簡單物體的磁場方程式

1. 無限長帶電流直電線
（在距離 r 處）
$$\vec{B} = \frac{\mu_0 I}{2\pi r}\hat{\phi}$$

2. 一小段帶電流直電線
（在距離 r 處）
$$d\vec{B} = \frac{\mu_0}{4\pi}\frac{I\vec{dl}\times\hat{r}}{r^2}$$

3. 半徑 R、帶電流 I 的圓形迴圈
（線圈在 xy 平面，在 x 軸上之 x 處）
$$\vec{B} = \frac{\mu_0 I R^2}{2\left(x^2+R^2\right)^{3/2}}\hat{x}$$

4. 有 N 圈長度 l、帶電流 I 的螺線管
$$\vec{B} = \frac{\mu_0 NI}{l}\hat{x} \quad（管內）$$

5. 有 N 圈半徑為 r、帶電流 I 的環面線圈管
$$\vec{B} = \frac{\mu_0 NI}{2\pi r}\hat{\phi} \quad（管內）$$

※ 譯者提示：

1. 無限長直電線：這是由必歐－沙伐定律積分而來，注意由於對稱以及磁場線必須是環線的要求，所以在與電線平行方向及徑向的磁場分量必須等於零，因此只需要積 $\hat{\phi}$ 的分量即可。

2.　一小段直電線：這就是必歐－沙伐定律。

3.　圓形迴圈：也必須由必歐－沙伐定律積分而來，並假設迴圈的中心在原點。注意由於對稱的要求，只有在 x 軸方向，磁場的分量不等於零。

4.　螺線管：假設管外磁場等於零，管內磁場方向與軸平行，大小與位置無關。

5.　環面線圈管：假設管外磁場等於零，管內磁場方向在 $\hat{\phi}$ 方向，大小與位置無關。

$$\boxed{\oint_S \vec{B} \cdot \hat{n} \, da}$$ 　**穿過一個封閉表面的磁通量**

　　像電通量 Φ_E 一樣，穿過一個表面的磁通量 Φ_B，可以想像為磁場「流動」並穿過該表面的「量」。如何去計算這個量，和問題的情況有關：

$$\Phi_B = \left|\vec{B}\right| \times (\text{表面積}) \tag{2.3}$$

$$\vec{B} \text{ 是均勻的、且垂直於 } S$$

$$\Phi_B = (\vec{B} \cdot \hat{n}) \times (\text{表面積}) \tag{2.4}$$

$$\vec{B} \text{ 是均勻的、但與 } S \text{ 有一個角度}$$

$$\Phi_B = \int_S \vec{B} \cdot \hat{n} \, da \tag{2.5}$$

$$\vec{B} \text{ 不均勻、且與 } S \text{ 之角度不是常數}$$

　　磁通量就像電通量一樣，是一個純量，而在磁的領域，它的單位有一個特別的名字叫做「weber」（韋伯，簡寫為 Wb，而在上面的任何關係式中，它相當於 $T\,m^2$）。

　　就像電通量一樣，穿過一個表面的磁通量，可以想像為穿過該表面的磁場線的數目。當你想像穿過一個表面的磁場線數目的時候，不要忘記磁場就像電場一樣，它們在空間是連續的，所以「場線的數目」只有在你畫出的線的數目和場的強度之間，訂定出一個關係時，才有意義。

當你想像穿過一個表面的磁通量時，你必須記住一個重點，就是穿過一個表面是雙向的，往外的通量和往內的通量，有相反的符號。因此當往外（正）的通量和往內（負）的通量相等時，它們會互相抵消，而得到零的淨通量。

在磁的情況，為何往外和往內的通量的符號是那麼重要？你可以經由考慮一個很小的封閉表面，把它放在圖 2.1 中的任何一個磁場，去瞭解其中的理由。不論你選擇哪一種形狀的表面，也不論你把此表面放在磁場中的哪一個地方，你將會發現：進入這個表面所包圍的體積的磁場線數目，會精確的等於離開這個體積的磁場線數目。假如這個結果對所有的磁場都成立的話，它唯一的可能結論是穿過任何封閉表面的淨磁通量，必須一定為零。

當然，這個結論確實是正確的，因為要磁場線進入一個體積內而不離開它的唯一情況是，它們在體積內終止了；而要場線離開一個體積、卻欠缺進入體積內的場線，唯一的情況是這些場線是在體積內部產生的。但是和電場線不同的地方是，磁場線並不在電荷處產生或者終止，實際上它們是環，磁場線的終點會回到出發點，形成連續的迴圈。假如迴圈的某一部分進入一個封閉的表面，同一個迴圈的另外一部分，必會在相反方向的該表面離開。因此，穿過任何封閉表面的往外和往內的磁通量，必須相等，而符號相反。

考慮一支磁棒所產生的磁場，如圖 2.3 所示。將一個封閉的表面（圖中的虛線）放在此場中，不論其形狀以及所放的位置如何，所有進入此表面所包圍體積的場線，都會被相同數目而離開此體積的場線，完全抵消掉。

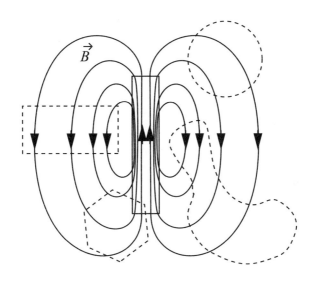

圖 2.3　**穿過封閉表面的磁通量的線**

　　討論到這個地方，高斯定律所根據的物理推理應該很清楚了：
穿過任何封閉表面的磁通量必為零，因為一條磁場線總是形成一個
完全的迴圈。

　　下一節，將會告訴你如何利用這個原則，去解有關封閉表面與
磁場的相關題目。

$$\oint_S \vec{B} \cdot \hat{n}\, da = 0$$ 高斯定律的應用（積分形式）

在牽涉到複雜的表面和場時，要將磁場的垂直分量對一個具體的封閉表面做積分，以求得其通量，可能會是相當困難的工作。在這種情況下，知道穿過一個封閉表面的總磁通量必須為零，可能可以讓你簡化問題，以下的幾個例題可以做為佐證。

例題 2.1：
已知磁場的表示式以及表面的幾何，
求穿過該表面之某一部分的通量。

題目 一個高為 h、半徑為 R 的封閉圓柱體，放在一個表示式為 $\vec{B} = B_0(\hat{j} - \hat{k})$ 的磁場中。假設圓柱體的中心軸是在 z 軸上，求穿過以下表面的磁通量：(a) 圓柱體的上底和下底，以及 (b) 圓柱體的彎曲面。

解答 高斯定律告訴你，穿過全部表面的磁通量必須等於零，所以，假如你能求出穿過某一部分表面的通量，則你可以找到穿過其他部分表面的通量。在本題的情況下，穿過圓柱體上底和下底的通量，是相對容易求出來的；不論需要增加多少通量使得總通量等於零，這些增加的通量必定是從圓柱體的彎曲邊面來的。因此，

$$\Phi_{B,\text{top}} + \Phi_{B,\text{botttom}} + \Phi_{B,\text{sides}} = 0$$

（式中，top 為上底，bottom 為下底，sides 為邊面）

穿過任何表面的磁通量，公式是：

$$\Phi_B = \int_S \vec{B} \bullet \hat{n} \, da$$

對於上底表面 $\hat{n} = \hat{k}$，所以

$$\vec{B} \bullet \hat{n} = \left(B_0 \hat{j} - B_0 \hat{k} \right) \bullet \hat{k} = -B_0$$

因此

$$\Phi_{B,\,\text{top}} = \int_S \vec{B} \bullet \hat{n} \, da = -B_0 \int_S da = -B_0 \left(\pi R^2 \right)$$

對於下底表面（此時 $\hat{n} = -\hat{k}$），可以用相同的分析得到：

$$\Phi_{B,\,\text{bottom}} = \int_S \vec{B} \bullet \hat{n} \, da = +B_0 \int_S da = +B_0 \left(\pi R^2 \right)$$

由於 $\Phi_{B,\,\text{top}} = -\Phi_{B,\,\text{botttom}}$，你可以得到的結論：$\Phi_{B,\,\text{sides}} = 0$

例題 2.2：

一條長直線的電流為已知，求穿過附近表面的磁通量。

題目　求穿過半個圓柱體表面的磁通量，此表面靠近一條帶有電流 I 的長直電線。

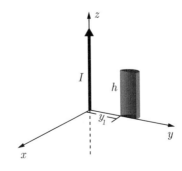

〔**解答**〕離開長直線電流的距離為 r 處的磁場是：

$$\vec{B} \;=\; \frac{\mu_0 I}{2\pi r}\,\hat{\phi}$$

此式表示磁場線是繞著電流線的圓圈，它由半圓柱體的平面進入圓柱體，並由彎曲表面離開。高斯定律告訴你，穿過此半圓柱體的所有表面的總磁通量必須為零，所以穿過平面的磁通量的量（是負的），必須等於離開彎曲面的磁通量的量（是正的）。

要找出穿過平面的磁通量，可以用以下磁通量的表示式：

$$\Phi_B \;=\; \int_S \vec{B}\bullet\hat{n}\;da$$

在本題中 $\hat{n} = -\hat{\phi}$，所以

$$\vec{B}\bullet\hat{n} \;=\; \left(\frac{\mu_0 I}{2\pi r}\,\hat{\phi}\right)\bullet\left(-\hat{\phi}\right) \;=\; -\frac{\mu_0 I}{2\pi r}$$

對半圓柱體平面的積分中，注意此平面是在 yz 面上，所以表面積元素為 $da = dy\,dz$。另外必須注意的是，在平面上距離的增加 $dr = dy$，所以 $da = dr\,dz$，通量的積分因此為：

$$\Phi_{B,\text{flat}} = \int_S \vec{B}\bullet\hat{n}\;da = -\int_S \frac{\mu_0 I}{2\pi r}\,dr\,dz = -\frac{\mu_0 I}{2\pi}\int_{z=0}^{h}\int_{r=y_1}^{y_1+2R}\frac{dr}{r}\,dz$$

$$= -\frac{\mu_0 I}{2\pi}\ln\left(\frac{y_1+2R}{y_1}\right)(h) = -\frac{\mu_0 Ih}{2\pi}\ln\left(1+\frac{2R}{y_1}\right)$$

由於穿過封閉表面的總磁通量必須為零，所以穿過此半圓柱體的彎曲邊面的磁通量為：

$$\Phi_{B,\text{curved side}} = \frac{\mu_0 Ih}{2\pi}\;\ln\left(1+\frac{2R}{y_1}\right)$$

※ 譯者提示：

本題較完整的做法，還需要考慮到穿過半圓柱體上底和下底的通量，即穿過上底、下底、垂直平面和彎曲邊面的總磁通量等於零。由於電線很長，磁場垂直於 z 軸，而上底和下底的法線與 z 軸平行或反平行，所以穿過上底和下底的磁通量為零。因此，沒有考慮穿過上底、下底的通量，並不影響計算的結果。

2.2 高斯定律的微分形式

由於磁場線是連續線，這個特性使得磁場的高斯定律的微分形式，變成非常簡單。微分形式是寫成以下的形式：

$$\vec{\nabla} \cdot \vec{B} = 0 \quad \text{磁場的高斯定律（微分形式）}$$

方程式的左邊是磁場散度的數學描述，描述磁場「流向」遠離某一點的趨勢，強過接近該點的趨勢。而方程式的右邊，則很簡單的是零。

在下一節中，對於磁場的散度會有仔細的討論。現在你必須要確認，你對高斯定律的微分形式的主要概念，已經有深刻的瞭解：

> 在任何一點的磁場散度，等於零。

要瞭解為何上面的說法是正確的，其中的一個方法是和電場來做類比。在電場的情況，在任何一點的散度是和在該點的電荷密度成正比。而在磁場的情況，由於無法將兩個磁極分離而孤立，你不可能只有北極而沒有南極，所以在每一個地方的磁荷密度都必須等於零。這表示磁場散度也必須等於零。

　　為了幫助你瞭解磁場的高斯定律微分形式中，每一個符號的意義，我們將它的字體放大來看：

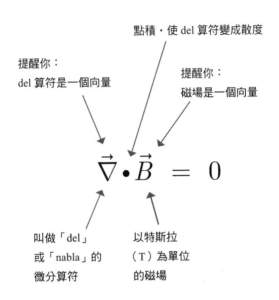

點積·使 del 算符變成散度

提醒你：
del 算符是一個向量

提醒你：
磁場是一個向量

$$\vec{\nabla} \cdot \vec{B} = 0$$

叫做「del」
或「nabla」的
微分算符

以特斯拉
（T）為單位
的磁場

$$\boxed{\vec{\nabla} \cdot \vec{B}} \quad \textbf{磁場的散度}$$

　　這個表示式是高斯定律的微分形式中，等號左邊的全部，它代表磁場的散度。因為散度的定義是一個場「流向」遠離一個點的傾向，強過接近該點的傾向，而又由於一直沒有找到磁場的源頭點或沉沒點，所以在所有的點，場的「流進」量會精確的等於「流出」量。因此你應該不會驚訝，$\vec{B}$ 的散度會永遠是零。

　　要證明一條長的帶電流電線附近的磁場，有上面散度等於零的結論，我們對表 2.1 中所列「無限長帶電流直電線」的磁場表示式取散度：

$$\mathrm{div}\left(\vec{B}\right) \;=\; \vec{\nabla} \cdot \vec{B} \;=\; \vec{\nabla} \cdot \left(\frac{\mu_0 I}{2\pi r}\,\hat{\phi}\right) \tag{2.6}$$

用圓柱坐標，最容易去計算上式：

$$\vec{\nabla} \cdot \vec{B} \;=\; \frac{1}{r}\frac{\partial}{\partial r}\left(rB_r\right) + \frac{1}{r}\frac{\partial B_\phi}{\partial \phi} + \frac{\partial B_z}{\partial z} \tag{2.7}$$

由於 $\vec{B}$ 只有 ϕ 分量，所以上式變成：

$$\vec{\nabla} \cdot \vec{B} \;=\; \frac{1}{r}\frac{\partial\left(\mu_0 I/2\pi r\right)}{\partial \phi} \;=\; 0 \tag{2.8}$$

你可以用以下的推理，去瞭解左頁的結果：

由於磁場線是圍繞著電線的圓迴圈，所以它沒有 z 方向與半徑方向的分量（雖然它的大小與半徑有關，因為離開電線愈遠，磁場愈弱）。所以在這個例子裡，$\vec{B}_z$ 和 $\vec{B}_r$ 都等於零，只剩下 ϕ 方向的分量。而因為 ϕ 分量與 ϕ 無關（即繞著以電線為中心的任何圓迴圈，其磁場的大小是一個常數），所以離開任何一點的通量，必會和趨向該點的通量相等。這表示在每一點的磁場散度都等於零。

散度等於零的向量場叫做**無散場**，而所有的磁場都是無散場。

$\boxed{\vec{\nabla} \cdot \vec{B} = 0}$ 高斯定律的應用（微分形式）

　　知道了磁場散度必須等於零，讓你可以去解決與磁場分量在空間的變化有關的問題，同時可以去決定：某一個具體的向量場是否可以為一個磁場。

　　本節有一些例題，討論了這一類的題目。

例題 2.3：
有了不完整的磁場分量資訊，
試利用高斯定律去求這些分量的關係。

題目 已知一個磁場的表示式為：

$$\vec{B} = axz\,\hat{i} + byz\,\hat{j} + c\,\hat{k}$$

則 a 和 b 的關係為何？

解答 從磁場的高斯定律，你知道磁場的散度必須為零。因此，

$$\vec{\nabla} \cdot \vec{B} = \frac{\partial B_x}{\partial x} + \frac{\partial B_y}{\partial y} + \frac{\partial B_z}{\partial z} = 0$$

所以，

$$\frac{\partial(axz)}{\partial x} + \frac{\partial(byz)}{\partial y} + \frac{\partial c}{\partial z} = 0$$

可得：$az + bz + 0 = 0$

由此式可得：$a = -b$。

例題 2.4：

已知一個向量場的表示式，求該場是否可能是一個磁場。

題目 已知一個向量場的表示式為：

$$\vec{A}(x,\, y) = a\cos(bx)\,\hat{i} + aby\sin(bx)\,\hat{j}$$

問此場是否為磁場？

解答 高斯定律告訴你，所有磁場的散度都必須為零。

我們取這個場的散度得：

$$\begin{aligned}
\vec{\nabla} \cdot \vec{A} &= \frac{\partial}{\partial x}\Big[a\cos(bx)\Big] + \frac{\partial}{\partial y}\Big[aby\sin(bx)\Big] \\
&= -ab\sin(bx) + ab\sin(bx) \\
&= 0
\end{aligned}$$

由此可知，$\vec{A}$ 可以是一個磁場。

習 題

下面這一些題目，是要測試你對磁場的高斯定律的瞭解程度。本書的網站（及附錄 C）提供有完整的解答。

2.1 已知磁場為 $\vec{B} = 5\hat{i} - 3\hat{j} + 4\hat{k}$ T ，求穿過下圖所示「下寬上窄之圓柱體」的上底、下底以及邊面之磁通量。

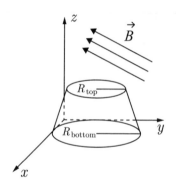

2.2 有一條通有電流之長直電線，其電流由 5 mA 增加到 15 mA，求此時穿過一個與電線相距 20 cm，而每邊 10 cm 長的正方形磁通量的變化。假設電線和正方形在同一平面上，且和正方形最靠近的邊平行。

2.3 已知一磁場為：

$$\vec{B} = 0.002\hat{i} + 0.003\hat{j} \text{ T}$$

求穿過下圖所示楔形之所有五個面的磁通量，並證明穿過此楔形的總通量等於零。

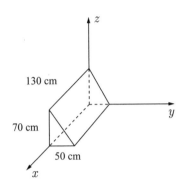

2.4 求穿過一個「每邊長為 1 m 的立方體」的地球磁場的磁通量，並證明穿過此立方體的總磁通量等於零。假設在此立方體處，地球磁場的大小為 4×10^{-5} T，方向是向上，並與水平面成 $30°$ 角。你可以任意選擇立方體的方向。

2.5 一個半徑為 r_0、高為 h 的圓柱體，放在一個理想的螺線管中，並使圓柱體的軸和螺線管的軸互相平行。求穿過圓柱體的上底、下底與曲面的磁通量，並證明穿過圓柱體的總磁通量等於零。

2.6 確定下方這兩個以圓柱坐標表示的向量場，是否可能為磁場：

(a) $\vec{A}(r, \phi, z) = \dfrac{a}{r} \cos^2 \phi \, \hat{r}$

(b) $\vec{A}(r, \phi, z) = \dfrac{a}{r^2} \cos^2 \phi \, \hat{r}$

第3章

法拉第定律

Faraday's
Law

法拉第（Michael Faraday）在 1831 年，
做了一系列劃時代的實驗，
證明了：一個電線迴路所包圍的磁通量的改變，
可以使迴路感應產生電流。
當上面的發現被推廣到更一般性的說法，
即磁場的改變可以產生電場，
上面的發現變成更有用了。
由這個方式「感應」產生的電場，
和由電荷產生的電場非常不一樣，
而法拉第的感應定律是要瞭解前者行為的關鍵。

3.1 法拉第定律的積分形式

有很多年，法拉第定律的積分形式是寫成下面的形式：

$$\oint_C \vec{E} \cdot d\vec{l} \;=\; -\frac{d}{dt} \int_s \vec{B} \cdot \hat{n}\, da \quad \text{法拉第定律（積分形式）}$$

但是有一些作者認為上式會讓人產生誤解，因為它將兩個不同的現象混在一起：磁感應（牽涉到磁場的改變）以及運動的電動勢（簡稱 emf，牽涉到一個運動的帶電粒子穿過一個磁場）。這兩種情況，都會產生一個電動勢，但是只有磁感應會在實驗室的靜止坐標產生環狀電場。這表示只有在「$\vec{E}$ 是代表積分路徑上，每一小段 $d\vec{l}$ 的靜止坐標的電場」時，法拉第定律的這個通俗版本，嚴格說來才是正確的。

下面的式子是法拉第定律的另一個版本，它將兩個效應分開，並將「電場的環流」和「變化的磁場」兩者的關係描述得很清楚：

$$\text{emf} = -\frac{d}{dt} \int_s \vec{B} \cdot \hat{n}\, da \qquad \text{通量定則}$$

$$\oint_C \vec{E} \cdot d\vec{l} \;=\; -\int_s \frac{\partial \vec{B}}{\partial t} \cdot \hat{n}\, da \qquad \text{法拉第定律（另一種形式）}$$

需要注意的是，在這個版本的法拉第定律中，時間的微分只作用在磁場，而不是作用在磁通量，而且 $\vec{E}$ 和 $\vec{B}$ 都是在實驗室靜止坐標上測量到的。

假如你不確定對電動勢的意義是否清楚，或者它是如何和電場

有關係，請不要擔心，在本章中將對這些問題做出解釋。另外也有一些例子去說明：如何利用通量定則和法拉第定律，去解有關感應的問題。然而，你必須先確定，你已經瞭解了法拉第定律的主要觀念：

> 穿過一個表面的磁通量的變化，
> 會在該表面的任何邊界路徑感應出一個電動勢（emf），
> 而一個變化的磁場會感應出一個環狀的電場。

換句話說，假如穿過一個表面的磁通量改變了，則沿著該表面的邊界，會感應產生一個電場。如果沿著該邊界有導電的物質，則感應電場會提供一個電動勢，去驅使電流在物質中流動。

因此，你若將一支磁棒，快速移動穿過一個迴圈電線，就會在電線上產生一個電場。但是，如果磁棒和迴圈的相對位置保持固定不動，則不會有感應電場產生。

而法拉第定律中的負號，告訴你什麼訊息了？

簡單的說，就是感應電動勢要反對磁通量的改變，也就是說，它要維持既有的通量。這叫做冷次定律，在本章的稍後章節裡（見第 110 頁），我們會討論它。

法拉第定律和通量定則，可以用來解和磁通量的改變及感應電場的一些相關問題，尤其是以下兩種型態的題目：

(1) 已知磁通量的改變情形，求感應電動勢。
(2) 已知在一個具體路徑上的感應電動勢，求磁場大小的變化率，或磁場方向的變化率，或者路徑所圍住的面積的變化率。

在有高對稱的情形時，除了求感應電動勢外，在磁場的變化率為已知時，也有可能去求出感應電場。

以下是法拉第定律的通俗形式，我們將它的字體放大來看：

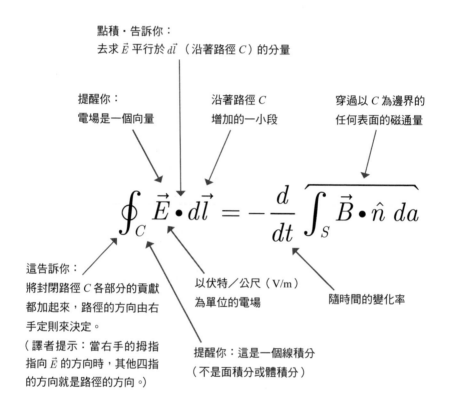

點積・告訴你：
去求 $\vec{E}$ 平行於 $d\vec{l}$（沿著路徑 C）的分量

提醒你：
電場是一個向量

沿著路徑 C
增加的一小段

穿過以 C 為邊界的
任何表面的磁通量

$$\oint_C \vec{E} \cdot d\vec{l} = -\frac{d}{dt} \int_S \vec{B} \cdot \hat{n}\, da$$

這告訴你：
將封閉路徑 C 各部分的貢獻
都加起來，路徑的方向由右
手定則來決定。
（譯者提示：當右手的拇指
指向 $\vec{E}$ 的方向時，其他四指
的方向就是路徑的方向。）

以伏特／公尺（V/m）
為單位的電場

隨時間的變化率

提醒你：這是一個線積分
（不是面積分或體積分）

需注意的是，在這個表示式中的 $\vec{E}$，是在路徑 C 的每一小段 $d\vec{l}$ 上感應的電場（每一小段都是在靜止坐標系量出來的）。

以下是法拉第定律的另一種形式的放大公式：

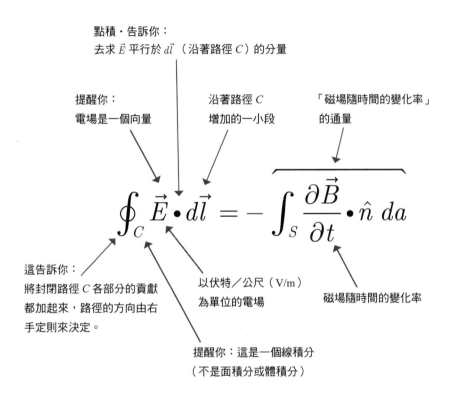

點積‧告訴你：
去求 $\vec{E}$ 平行於 $d\vec{l}$（沿著路徑 C）的分量

提醒你：
電場是一個向量

沿著路徑 C
增加的一小段

「磁場隨時間的變化率」
的通量

$$\oint_C \vec{E} \cdot d\vec{l} = -\int_S \frac{\partial \vec{B}}{\partial t} \cdot \hat{n} \, da$$

這告訴你：
將封閉路徑 C 各部分的貢獻
都加起來，路徑的方向由右
手定則來決定。

以伏特／公尺（V/m）
為單位的電場

磁場隨時間的變化率

提醒你：這是一個線積分
（不是面積分或體積分）

在這裡，$\vec{E}$ 代表在實驗室靜止坐標的電場（與 $\vec{B}$ 的坐標系相同）。

$\boxed{\vec{E}}$　感應電場

　　法拉第定律中的電場和靜電場，對於電荷的作用是一樣的，但是它們的結構是非常不一樣的。這兩種型態的電場都會使電荷加速，也都有相同的單位牛頓／庫侖（N/C）或伏特／公尺（V/m），同時也都可以用場線來代表。但是以電荷為基礎的電場，其場線是由正電荷出發，終止於負電荷（因此在這些點的散度不等於零）；而由磁場的變化產生的電場，其場線會轉回到自己形成迴圈，沒有出發點也沒有終點（因此散度為零）。

　　很重要的一點是，你必須瞭解：在法拉第定律通俗形式（等號右邊是對磁通量的全微分的那個版本）中的電場，是在計算線積分的路徑上，每一小段 $d\vec{l}$ 都是在靜止坐標系而測量到的電場。要將這個條件講得很清楚的理由是，因為只有在這個靜止坐標上，電場線才會真的轉回到自己，形成環線。

　　我們畫了一個以電荷為根基的電場的例子，以及一個感應電場的例子，如右頁的圖 3.1 所示。

　　請注意，圖 3.1(b) 中的感應電場方向的選擇，是要它去驅動一個電流來產生磁通量，以對抗因磁場的變化而產生的通量改變。在這個圖中的情形，磁棒往右的運動會使往左的磁通量減少，因此感應的電流是要產生「額外的往左的磁通量」。

　　以下是一些經驗定則，可以幫助你去想像並畫出，由於磁場的變化而感應的電場：

● 由於磁場的變化而產生的感應電場線，必須是完全的迴圈。
● 在任何一點的淨電場，是在該點所有的電場的向量和。
● 所有的電場線都不會相交叉（若是交叉了，就表示在同一點，電場指向兩個不同的方向）。

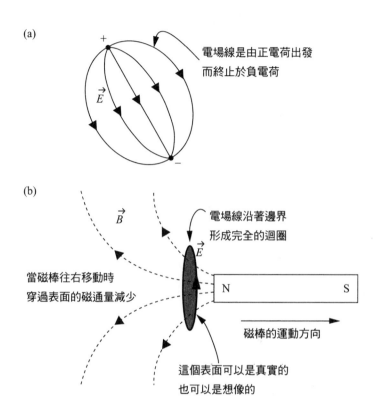

(a)

電場線是由正電荷出發
而終止於負電荷

$\vec{E}$

(b)

$\vec{B}$

電場線沿著邊界
形成完全的迴圈

$\vec{E}$

當磁棒往右移動時
穿過表面的磁通量減少

N　　　　　　S

磁棒的運動方向

這個表面可以是真實的
也可以是想像的

圖 3.1　以電荷為根基的電場和感應的電場。跟往常一樣，你必須記住：這
　　　　些場存在於三維的空間，而你可以在本書的網站上看到完整的三維
　　　　視覺圖。

　　總結的說，法拉第定律中的 $\vec{E}$ 是代表「沿著路徑 C 中每一點的
感應電場」，而 C 則是一個表面的邊界，因為穿過該表面的磁通量
隨時間有變化而產生感應電場。路徑可以穿過無物的空間，也可以
穿過物質，兩種情況都會有感應電場。

$$\boxed{\oint_C (\,) \, dl} \quad \textbf{線積分}$$

要瞭解法拉第定律,你就必須要知道線積分的意義。這種型態的積分常在物理和工程裡出現,也許你以前已經遇到過,例如遇到以下的問題時:一條線的質量密度隨著位置而變,求線的總質量。這個問題,可以當做線積分的很好複習。

考慮如圖 3.2(a) 所示之質量密度不是常數的線。要計算此線的總質量,可想像將此線分成一連串很短的小段,而在每一小段中的線密度 λ(每單位長度的質量)可近似為一個常數,如圖 3.2(b) 所示。每一小段的質量是該段線密度乘以該段的長度 dx_i,而整條線的質量是各小段質量的和。

假如有 N 段,其答案是:

$$質量 = \sum_{i=1}^{N} \lambda_i \, dx_i \tag{3.1}$$

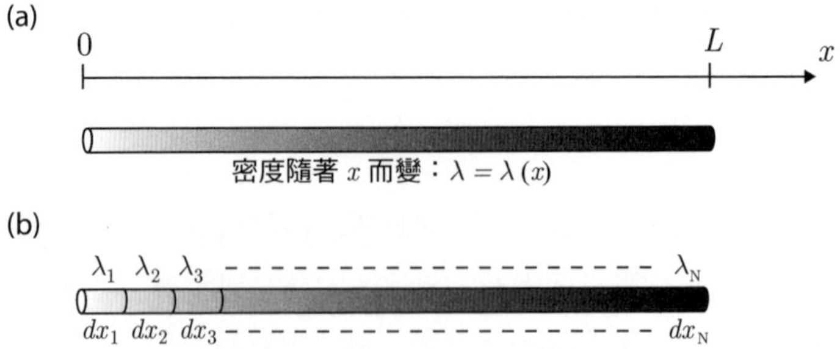

(a)

密度隨著 x 而變:$\lambda = \lambda(x)$

(b)

圖 3.2 一個純量函數的線積分

讓每一小段的長度趨近於零，則所有小段質量的和會變成線積分：

$$質量 = \int_0^L \lambda(x)\, dx \qquad (3.2)$$

這是純量函數 $\lambda(x)$ 的線積分。要完全瞭解法拉第定律的左手邊，你必須要能夠理解：如何將此觀念推廣到向量場的路徑積分。這將在下一節來介紹。

$$\oint_C \vec{A} \cdot d\vec{l}$$ 向量場的路徑積分

　　一個向量場沿著一條封閉路徑的線積分，叫做該場的環流。要瞭解這個運算的意義，有個好方法是：考慮一個力沿著一條路徑，去移動一個物體所做的功。

　　你可以回顧一下，當一個物體在一個力的影響下，有所位移時，則該力做了功。假如力（ $\vec{F}$ ）是一個常數，且和位移（ $d\vec{l}$ ）同方向，則力所做的功（ W ）的大小，就等於力的大小乘以位移：

$$W = \left|\vec{F}\right| \left|d\vec{l}\right| \tag{3.3}$$

圖 3.3(a) 畫了這種情況的圖。然而在很多情況，位移和力並不在同一個方向上，此時，就必須去求力在位移方向的分量，如圖 3.3(b) 所示。

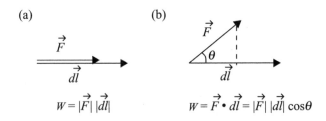

圖 3.3　物體在一個力的影響下的運動

　　在這個情況下，力所做的功的大小是等於「力在位移方向的分量」乘以「位移的大小」。這個計算，可以利用第 1 章所描述的點積的符號，得到最簡化的表示式：

$$W = \vec{F} \cdot d\vec{l} = \left|\vec{F}\right|\left|d\vec{l}\right|\cos\theta \tag{3.4}$$

其中 θ 是力與位移之間的角度。

　　在最一般性的情況，力 $\vec{F}$ 和力與位移之間的角度 θ，都不是常數，這表示力在每一小段位移上的投影，可能都不相同（也有可能力的大小會沿著路徑改變）。圖 3.4 畫了最一般性的情況。需注意的是，當路徑由出發點彎彎曲曲的走向終點時，力在位移方向的分量會有很大的變化。

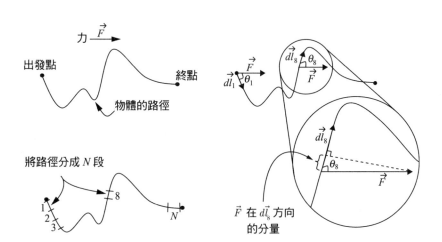

圖 3.4　力在物體的路徑方向的分量

要去計算這個情況的功，可以將路徑想像成是由一連串很短的小段路徑集合而成，而在每一小段上，力的分量是常數。在每一小段所增加的功（dW_i）等於「力在這一小段上的分量」乘以「該小段的長度（dl_i）」──而這就是點積的結果。因此，

$$dW_i = \vec{F} \cdot d\vec{l}_i \tag{3.5}$$

而沿著整條路徑所做的全部的功，就是將「在每一小段上所做的功」都加起來，這個結果是：

$$W = \sum_{i=1}^{N} dW_i = \sum_{i=1}^{N} \vec{F} \cdot d\vec{l}_i \tag{3.6}$$

也許你已經猜到，你可以讓每一小段的長度都趨近於零，如此可以將上式的和，轉換成沿著路徑的積分：

$$W = \int_P \vec{F} \cdot d\vec{l} \tag{3.7}$$

因此，上式功的計算，就是向量 $\vec{F}$ 沿著路徑 P 所做的路徑積分。這個積分，和剛剛你求「一條質量密度不是定值的線」的總質量的線積分，是相似的，只是這個積分中的被積函數是兩個向量的點積，而不是一個純量函數 λ。

　　雖然在這個例子中，力是均勻的，但是相同的分析可以推廣到一個力的向量場，即力的大小與方向在路徑上都是可以有變化的。在方程式 (3.7) 右邊的積分，可以應用到任意的向量場 $\vec{A}$ 以及任意的路徑 C。假如路徑是封閉的，則積分是代表該向量場繞著這個路徑的環流：

$$環流 \equiv \oint_C \vec{A} \cdot d\vec{l} \tag{3.8}$$

電場的環流，在法拉第定律中是很重要的一部分，我們將在下一節來描述。

$$\boxed{\oint_C \vec{E} \cdot d\vec{l}}$$ **電場的環流**

因為感應電場的場線形成封閉的迴圈，這種場有能力驅動帶電粒子繞著連續的迴路運動。電荷繞著迴路運動，就是電流的定義，所以感應電場可以用來當做電流的產生器。因此我們很容易理解，電場繞著一個迴路的環流為何會叫做電動勢：

$$電動勢\,(\mathrm{emf}) = \oint_C \vec{E} \cdot d\vec{l} \tag{3.9}$$

當然，一個電場的路徑積分並不是一種力（譯者按：電動勢的英文為 electromotive force，而 force 為力的意思），在國際單位制中，力的單位是牛頓，而電動勢則是每單位電荷的力去積一段距離（其單位是牛頓除以庫侖、再乘以公尺，和伏特的單位相同）。然而 electromotive force 這個術語現在已經是一個標準化名詞了，而「電動勢的來源」常是用來稱呼感應電場和電池以及其他電能的來源。

那麼，一個感應電場繞著一個路徑的環流，真正意義是什麼？它實際上是：電場驅動一個單位電荷繞著一個路徑運動時所做的功。你可以用 $\vec{F}/q$ 來取代環流積分中的 $\vec{E}$，以得到印證：

$$\oint_C \vec{E} \cdot d\vec{l} = \oint_C \frac{\vec{F}}{q} \cdot d\vec{l} = \frac{\oint_C \vec{F} \cdot d\vec{l}}{q} = \frac{W}{q} \tag{3.10}$$

所以，感應電場的環流是：該電場給予繞著路徑運動的每庫侖電荷的能量。

$$\boxed{\frac{d}{dt}\int_S \vec{B} \cdot \hat{n}\, da}$$ 　**通量的變化率**

　　法拉第定律通俗形式的右手邊，有點複雜，讓人第一次看到時也許會心生畏懼。但是仔細看時，會發現這個表示式中最主要的部分，實際上只是磁通量（Φ_B）：

$$\Phi_B = \int_S \vec{B} \cdot \hat{n}\, da$$

假如是因為磁場的高斯定律的緣故，使你認為上面的量必須為零，請你再仔細的看一下！上面表示式中的積分，是對任意的表面 S，而在高斯定律中，是很明確的對一個封閉的表面積分。穿過一個開放表面的磁通量（與磁場線的數目成正比）確實是可以不等於零，只有當表面是封閉的時候，從某一方向的表面穿過的磁場線，必須等於從另一方向的表面穿過的磁場線。

　　所以，通俗形式的法拉第定律的右手邊，牽涉到穿過任何表面 S 的磁通量——更具體的說，是該通量的時間變化率（d/dt）。假如你覺得奇怪：為何穿過一個表面的磁通量會改變？請你再看一次這個方程式，並問你自己：在這個表示式中，有什麼是可以隨時間變化的？這有三種可能，每一種可能都在圖 3.5 中呈現出來：

(a) 　$\vec{B}$ 的大小可能改變：磁場的強度可能增加或減少，因此引起穿過表面的磁場線數目有所改變。

(b) 　$\vec{B}$ 與表面的法線之間的夾角可能改變：改變 $\vec{B}$ 的方向或者表面法線的方向，都會使 $\vec{B} \cdot \hat{n}$ 有所改變。

(c)　表面的面積可能改變：甚至假如 $\vec{B}$ 的大小、以及 $\vec{B}$ 和 $\hat{n}$ 的方向
　　 都不變，改變表面 S 的面積，仍會使得穿過該表面的通量的值
　　 改變。

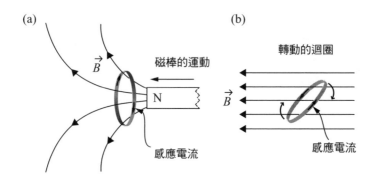

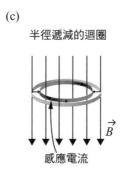

圖 3.5　磁通量和感應電流

　　上面的每一個改變，或者兩種以上合在一起的改變，都會使法
拉第定律的右手邊變成不等於零。而法拉第定律的左手邊是感應電
動勢，因此你應當已能瞭解，感應電動勢與磁通量變化之間的對應
關係了。

要將法拉第定律中的數學說法和它的物理效應拉上關係，我們可考慮圖 3.5 中的磁場和導電的迴圈。就如法拉第所發現的現象，單有磁通量穿過一個迴路，並不能在迴路中產生電流。因此，在一個不動的導電迴圈旁邊，穩定握持一支不動的磁棒，並不會有感應電流（在這種情況，磁通量不是時間的函數，所以它的時間微分等於零，感應電動勢也等於零）。

當然，法拉第定律告訴你：穿過一個表面的磁通量的變化，真的會在以該表面的邊界為路徑的任何迴路上，感應出一個電動勢。所以拿一支磁棒使它靠近或遠離一個迴圈，都會使「穿過以該迴圈為邊界的表面的磁通量」發生變化，其結果是在該迴路上產生一個感應電動勢 [5]，如圖 3.5(a) 所示。

在圖 3.5(b)，磁通量的變化並不是由於磁棒的運動，而是由於迴圈的轉動而來。這會改變磁場和表面法線之間的角度，也因此改變了 $\vec{B} \cdot \hat{n}$。

在圖 3.5(c)，迴圈所包圍的面積隨著時間而改變，也因此改變了穿過表面的磁通量。

你必須注意到，在所有的這些情況，感應電動勢的大小和穿過迴圈的總磁通量無關，它只和通量變化得多快有關。

在討論如何利用法拉第定律去解問題之前，你必須要考慮感應電場的方向，這個是冷次定律的內涵。

---

[5] 原注：為簡單起見，你可以想像有一個平面被該迴圈所撐開，而法拉第定律對任何以該迴圈為邊界的表面都成立。

一 冷次定律

　　法拉第定律右手邊的負號，包含了許多物理在裡面，所以給它一個名稱是合適的做法。這名稱叫冷次定律。這個名稱是由德國物理學家冷次（Heinrich Lenz）而來，他對於磁通量的變化而產生的感應電流的**方向**，有很重要的洞察力。

　　冷次的洞察力如下：因磁通量改變而產生的感應電流，它流動的方向總是要**反對**通量的改變。這表示，如果穿過迴路的磁通量是增加了，則感應電流會在相反的方向產生它自己的磁通量，以抵消通量的增加。這個情況就如圖 3.6(a) 所示，它顯示磁棒是往靠近迴圈的方向運動。此時，磁棒往左方向的磁通量增加了，感應電流的方向就如圖所示，它會產生向右的磁通量，以抵消由於磁棒的運動而增加的通量。

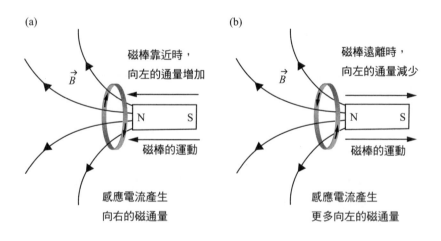

圖 3.6　感應電流的方向

　　另外一種情況如圖 3.6(b) 所示，它顯示磁棒往離開迴圈的方向
移動，因此往左穿過迴路的通量減少了。在這個情況，感應電流的
方向是相反的方向，貢獻了往左的通量，以彌補磁棒的移動而減少
的通量。

　　有一個重點你必須瞭解，就是磁通量的改變會產生一個感應電
場，不論是否有可以產生電流的導電迴路存在。因此冷次定律告訴
你的是：繞著一個具體路徑的感應電場的環流會遵循的方向，雖然
實際上可能沒有電流在該路徑上流動。

$$\oint_C \vec{E} \cdot d\vec{l} = -\frac{d}{dt}\int_s \vec{B} \cdot \hat{n}\, da$$

法拉第定律的應用
（積分形式）

下面的一些例子告訴你，如何利用法拉第定律去解有關磁通量的變化以及感應電動勢的問題。

例題 3.1：
已知一個磁場為時間的函數的表示式，
求在一個具體大小的迴圈上的感應電動勢。

題目 已知一個磁場為：

$$\vec{B}(y,t) = B_0\left(\frac{t}{t_0}\right)\frac{y}{y_0}\,\hat{z}$$

求在一個正方形的迴圈上的感應電動勢，
該正方形每邊長 L，躺在 xy 平面上，且有一個角位於原點。
同時求在此迴圈上電流的方向。

解答 利用法拉第通量定則，

$$\mathrm{emf} = -\frac{d}{dt}\int_s \vec{B} \cdot \hat{n}\, da$$

對於一個在 xy 平面上的迴圈，$\hat{n} = \hat{z}$，同時 $da = dx\, dy$，
因此，

$$\text{emf} = -\frac{d}{dt}\int_{y=0}^{L}\int_{x=0}^{L} B_0\left(\frac{t}{t_0}\right)\frac{y}{y_0}\,\hat{z}\cdot\hat{z}\,dx\,dy$$

$$= -\frac{d}{dt}\left[L\int_{y=0}^{L} B_0\left(\frac{t}{t_0}\right)\frac{y}{y_0}\,dy\right]$$

$$= -\frac{d}{dt}\left[B_0\left(\frac{t}{t_0}\right)\frac{L^3}{2y_0}\right]$$

取時間的微分得：

$$\text{emf} = -B_0\frac{L^3}{2t_0 y_0}$$

因為往上的磁通量隨著時間而增加，所以電流流動的方向會使該電流產生往下（$-\hat{z}$）的通量。這也就是說，由上往下看時，電流的方向是順時針方向。

例題 3.2：
在一個固定的磁場中，已知一個導電的迴圈方向改變的表示式，求在此迴圈上的感應電動勢。

題目　一個半徑為 r_0 的圓形迴圈，以 ω 的角速率轉動。此迴圈放在一個磁場中，其方向如圖所示。

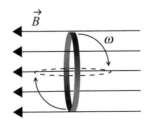

(a) 求在迴圈的感應電動勢的表示式。

(b) 假如磁場的大小是 25 μT，迴圈的半徑是 1 cm，迴圈的電阻是 25 Ω，轉動速率 ω 是 3 rad/s，則在迴圈中最大的電流是多少？

解答　(a) 由法拉第通量定則，電動勢（emf）為：

$$\text{emf} = -\frac{d}{dt}\int_s \vec{B} \cdot \hat{n}\, da$$

因為磁場和迴圈的面積都是常數，上式變成：

$$\text{emf} = -\int_s \frac{d}{dt}\left(\vec{B} \cdot \hat{n}\right) da = -\int_s \left|\vec{B}\right| \frac{d}{dt}(\cos\theta)\, da$$

代入 $\theta = \omega t$，得：

$$\text{emf} = -\int_s \left|\vec{B}\right| \frac{d}{dt}(\cos\omega t)\, da = -\left|\vec{B}\right| \frac{d}{dt}(\cos\omega t) \int_s da$$

取時間的微分並計算積分，結果為：

$$\text{emf} = \left|\vec{B}\right| \omega(\sin\omega t)(\pi r_0^2)$$

(b) 由歐姆定律，電流的大小是電動勢除以電路的電阻，因此：

$$I = \frac{\text{emf}}{R} = \frac{\left|\vec{B}\right| \omega(\sin\omega t)(\pi r_0^2)}{R}$$

最大電流時，$\sin\omega t = 1$，所以電流為：

$$I = \frac{(25 \times 10^{-6})(3)[\pi(0.01^2)]}{25} = 9.4 \times 10^{-10} \text{ A}$$

例題 3.3：

在一個固定的磁場中，

已知一個導電迴圈面積大小改變的表示式，

求在此迴圈上的感應電動勢。

題目 一個圓形迴圈與一個固定的磁場垂直，而迴圈的大小隨著時間變小。假如迴圈的半徑與時間的關係為 $r(t) = r_0(1 - t/t_0)$，求在迴圈上的感應電動勢（emf）。

解答 因為迴圈和磁場垂直，所以迴圈的法線與 $\vec{B}$ 平行。

由法拉第通量定則，得：

$$\text{emf} = -\frac{d}{dt}\int_s \vec{B} \cdot \hat{n}\, da = -\left|\vec{B}\right|\frac{d}{dt}\int_s da = -\left|\vec{B}\right|\frac{d}{dt}(\pi r^2)$$

將 $r(t)$ 代入上式，並取時間微分，結果為：

$$\begin{aligned}
\text{emf} &= -\left|\vec{B}\right|\frac{d}{dt}\left[\pi r_0^2\left(1 - \frac{t}{t_0}\right)^2\right] \\
&= -\left|\vec{B}\right|\left[\pi r_0^2(2)\left(1 - \frac{t}{t_0}\right)\left(-\frac{1}{t_0}\right)\right] \\
&= \frac{2\left|\vec{B}\right|\pi r_0^2}{t_0}\left(1 - \frac{t}{t_0}\right)
\end{aligned}$$

3.2　法拉第定律的微分形式

法拉第定律的微分形式，一般是寫成以下的式子：

$$\vec{\nabla} \times \vec{E} = -\frac{\partial \vec{B}}{\partial t} \quad \text{法拉第定律（微分形式）}$$

方程式左邊是電場的旋度的數學描述，是電場線繞著一個點環行的傾向度。而方程式右邊，則是磁場隨著時間的變化率。

電場的旋度將在下一節有詳細的討論。現在最重要的是，你必須確實掌握法拉第定律微分形式的主要觀念：

> 一個循環的電場
> 是由一個隨時間而變化的磁場所產生的。

為了幫助你瞭解法拉第定律微分形式中，每一個符號的意義，我們將它的字體放大來看：

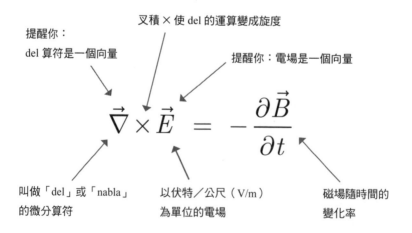

$$\boxed{\vec{\nabla} \times}$$ 　旋度（del 後面接 ×）

一個向量場的 *旋度* 是「該場繞著一個點環行的傾向」的量度，就像散度是「該場流動離開一個點的傾向」的量度。再一次我們必須感謝馬克士威用了這個術語；經過考慮一些其他名詞，如 turn 以及 twirl（他認為這個名詞有一點生動）等，最後他決定用 curl（旋度）這個名詞。

就像散度的計算，我們考慮「包圍我們有興趣的點」的無限小的表面，然後計算穿過此表面的通量。對於一個具體的點的旋度，我們可以考慮一個無限小而繞著該點的路徑，然後計算以該路徑為邊界的表面上，每單位面積的環流。

一個向量場 $\vec{A}$ 的旋度，其數學定義是：

$$\hat{n} \cdot \operatorname{curl}(\vec{A}) \;=\; (\vec{\nabla} \times \vec{A}) \cdot \hat{n} \;\equiv\; \lim_{\Delta S \to 0} \frac{1}{\Delta S} \oint_C \vec{A} \cdot d\vec{l} \qquad (3.11)$$

其中 C 是繞著我們有興趣的點的路徑，而 ΔS 是以該路徑為邊界的面積。在這個定義中，旋度的方向是在一個表面的法線方向，而該表面的環流有極大值。

上面的表示式，對於旋度的定義很有用，但是對於一個具體的場旋度的計算，並沒有太大的幫助。在本節後半段，你將會看到旋度的另外一種表示式，但是首先，你應該考慮如次頁的圖 3.7 所示的向量場。

在這些場中，我們要試著找出個別的場有大旋度的位置。首先想像場線是用流體的流線來代表；再來是去找一些點，這些點的特徵是：在點的某一側的流動向量，跟另外一側的流動向量有很大的差異（大小、方向，或是兩者）。

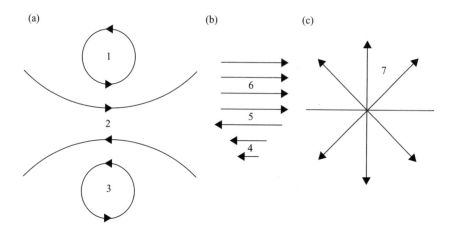

圖 3.7　幾種有不同旋度的向量場

　　要瞭解這個想像的實驗，可假想你握住一支會轉動的槳，放在流動液體中的每一個點。假如流體可以使槳轉動，則該槳的中心位置就是一個旋度不等於零的點。旋度的方向是沿著槳的軸的方向（因為旋度是一個向量，它有大小也有方向）。由習慣的約定，旋度的正方向是由**右手定則**來決定：假如你將右手拇指以外的四根指頭沿著環流的方向，則拇指所指的方向就是正的旋度方向。

　　運用了可旋轉的槳的測試，你可以看到圖 3.7(a) 中的點 1、點 2 和點 3，以及圖 3.7(b) 中的點 4 和點 5，都是高旋度的位置。而圖 3.7(b) 中的點 6 是在均勻的流線中，圖 3.7(c) 中的點 7 則是在發散的流線中，兩者都無法使很小的旋轉槳轉動，這表示這兩點具有很小的旋度、或者零旋度。

　　要將上述的旋度量化，你可以用笛卡兒坐標來表示旋度的微分形式，或者用 $\vec{\nabla} \times$ 算符來計算：

$$\vec{\nabla} \cdot \vec{A} = \left(\hat{i} \frac{\partial}{\partial x} + \hat{j} \frac{\partial}{\partial y} + \hat{k} \frac{\partial}{\partial z} \right) \times \left(\hat{i} A_x + \hat{j} A_y + \hat{k} A_z \right) \qquad (3.12)$$

向量的叉積，可以寫成行列式：

$$\vec{\nabla} \times \vec{A} = \begin{vmatrix} \hat{i} & \hat{j} & \hat{k} \\ \dfrac{\partial}{\partial x} & \dfrac{\partial}{\partial y} & \dfrac{\partial}{\partial z} \\ A_x & A_y & A_z \end{vmatrix} \qquad (3.13)$$

上式可以展開成：

$$\vec{\nabla} \times \vec{A} = \left(\frac{\partial A_z}{\partial y} - \frac{\partial A_y}{\partial z} \right) \hat{i} + \left(\frac{\partial A_x}{\partial z} - \frac{\partial A_z}{\partial x} \right) \hat{j} + \left(\frac{\partial A_y}{\partial x} - \frac{\partial A_x}{\partial y} \right) \hat{k} \quad (3.14)$$

要注意的是 $\vec{A}$ 的旋度的每一個分量，代表該場在某一個坐標平面轉動的傾向。假如一個場的旋度在某一點有大的 x 分量，則表示該場在該點有大的 yz 平面的環流。旋度總結的方向，代表沿著該軸轉動是最大的，而轉動的方向是由右手定則來定的。

　　假如你對方程式中的這些項要如何量度轉動，仍然有所疑惑，則可考慮次頁的圖 3.8 中所示的向量場。

　　首先考慮圖 3.8(a) 的場，以及方程式 (3.14) 中旋度的 x 分量：此項牽涉到 A_z 隨 y 的改變、以及 A_y 隨 z 的改變。我們沿著 y 軸，從我們考慮的點的左手邊，進行到點的右手邊，很明顯的 A_z 是增加的（在左手邊它是負的，在右手邊則是正的），因此 $\partial A_z / \partial y$ 這一項會是正的。

　　現在再看 A_y，你可以看到在我們考慮的點的下方是正的，而在上方則是負的，所以它是沿著 z 軸而減少。因此 $\partial A_y / \partial z$ 是負的，這表示當我們以 $\partial A_z / \partial y$ 減去此項時，會使旋度的值增加。因此，在我們考慮的點有大的旋度值，這可以從 $\vec{A}$ 繞著這一點的環流看出來。

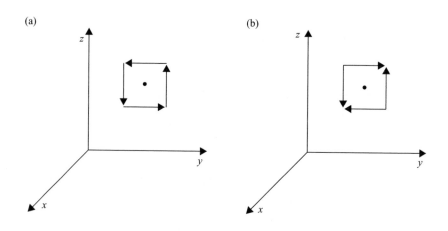

圖 3.8　$\partial A_z / \partial y$ 與 $\partial A_y / \partial z$ 對旋度的值的影響

　　圖 3.8(b) 的情況則很不一樣。在此處 $\partial A_y / \partial z$ 與 $\partial A_z / \partial y$ 都是正的，所以從 $\partial A_z / \partial y$ 減去 $\partial A_y / \partial z$ 會得到一個小的值。因此這個例子的旋度的 x 分量值是小的。一個向量場，如果在所有的點的旋度都等於零，則我們稱它為無旋場。

以下是圓柱坐標和球坐標的旋度表示式：

$$\vec{\nabla} \times \vec{A} \equiv \left(\frac{1}{r} \frac{\partial A_z}{\partial \phi} - \frac{\partial A_\phi}{\partial z} \right) \hat{r} + \left(\frac{\partial A_r}{\partial z} - \frac{\partial A_z}{\partial r} \right) \hat{\phi}$$

$$+ \frac{1}{r} \left(\frac{\partial (r A_\phi)}{\partial r} - \frac{\partial A_r}{\partial \phi} \right) \hat{z} \qquad \text{（圓柱坐標）} \qquad (3.15)$$

$$\vec{\nabla} \times \vec{A} \equiv \left(\frac{1}{r \sin\theta} \frac{\partial (A_\phi \sin\theta)}{\partial \theta} - \frac{\partial A_\theta}{\partial \phi} \right) \hat{r} + \frac{1}{r} \left(\frac{1}{\sin\theta} \frac{\partial A_r}{\partial \phi} - \frac{\partial (r A_\phi)}{\partial r} \right) \hat{\theta}$$

$$+ \frac{1}{r} \left(\frac{\partial (r A_\theta)}{\partial r} - \frac{\partial A_r}{\partial \theta} \right) \hat{\phi} \qquad \text{（球坐標）} \qquad (3.16)$$

$$\boxed{\vec{\nabla} \times \vec{E}}$$ 電場的旋度

以電荷為根基的電場，會由正電荷的點發散出去，而向負電荷的點收斂回來，這種場無法循環回到原先出發的點。你可以看圖 3.9(a) 所示之電偶極的場線，來瞭解這個說法。

想像沿著一條封閉的路徑走，該路徑是順著某一條由正電荷發散出去的場線，如圖 3.9(a) 中所示的虛線。要將路徑形成封閉的迴圈，並回到正電荷的位置，你必須走一段「逆流」的路徑，該段路徑與電場反向。在這一段路徑，$\vec{E} \cdot d\vec{l}$ 是負的，它必須與 $\vec{E} \cdot d\vec{l}$ 是正的那一部分（$\vec{E}$ 與 $d\vec{l}$ 有相同方向的那一段路徑）相加。當你做完整個路徑時，你會發現 $\vec{E} \cdot d\vec{l}$ 的路徑積分會精確的等於零。

因此，電偶極產生的電場就像所有的靜電場一樣，沒有旋度。

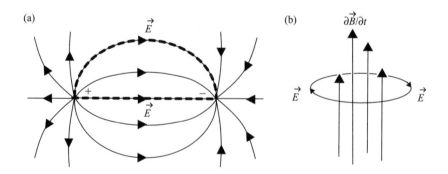

圖 3.9　在以電荷為根基的電場、以及感應電場中的封閉路徑

　　由磁場的變化而感應的電場，就很不一樣，你可以從圖 3.9(b) 看出來。在任何地方，只要有變化的磁場存在，就會感應出來循環的電場。不像以電荷為根基的電場，感應的電場沒有起點也沒有終點，它們是連續的，並且會形成迴線，回到出發點。

　　假如有一個變化的 $\vec{B}$ 穿過某表面，則沿著以該表面的邊界為路徑的 $\vec{E} \cdot d\vec{l}$ 的積分，會有不等於零的結果，這表示感應電場有旋度。當 $\vec{B}$ 的變化快一點，感應電場的旋度的大小就會大一點。

$$\vec{\nabla} \times \vec{E} = -\frac{\partial \vec{B}}{\partial t}$$

法拉第定律的應用

（微分形式）

　　法拉第定律的微分形式，在推導出電磁波方程式方面非常有用，你可以在第 5 章讀到電磁波方程式的討論。你也可以利用此方程式去解兩種型態的問題。其中一種，已知磁場為時間的函數的表示式，求感應電場的旋度。另外一種，感應的電場向量的表示式為已知，求磁場的時間變化率。

　　以下有兩個關於這兩種問題的例子。

例題 3.4：

已知磁場為時間的函數的表示式，求電場的旋度。

題目　在空間的某一個區域內，已知磁場的表示式為：

$$\vec{B}(t) = B_0 \cos(kz - \omega t)\hat{j}$$

(a) 求在該區域感應電場的旋度。

(b) 假如已知 E_z 等於零，求 E_x。

解答　(a) 由法拉第定律，我們知道電場的旋度等於負的磁場向量對於時間的微分。因此，

$$\vec{\nabla} \times \vec{E} = -\frac{\partial \vec{B}}{\partial t} = -\frac{\partial \left[B_0 \cos(kz - \omega t)\hat{j}\right]}{\partial t}$$

$$= -\omega B_0 \sin(kz - \omega t)\hat{j}$$

(b) 將電場旋度的分量寫出來：

$$\vec{\nabla} \times \vec{E} = \left(\frac{\partial E_z}{\partial y} - \frac{\partial E_y}{\partial z} \right) \hat{i} + \left(\frac{\partial E_x}{\partial z} - \frac{\partial E_z}{\partial x} \right) \hat{j} + \left(\frac{\partial E_y}{\partial x} - \frac{\partial E_x}{\partial y} \right) \hat{k}$$

其中 $\hat{j}$ 分量應該與 (a) 的答案相等：

$$\left(\frac{\partial E_x}{\partial z} - \frac{\partial E_z}{\partial x} \right) \hat{j} = -\omega B_0 \sin(kz - \omega t) \hat{j}$$

已知 E_z 等於零，因此：

$$\left(\frac{\partial E_x}{\partial z} \right) = -\omega B_0 \sin(kz - \omega t)$$

對 z 做積分，可得：

$$E_x = \int -\omega B_0 \sin(kz - \omega t)\, dz = \frac{\omega}{k} B_0 \cos(kz - \omega t)$$

另外可以加一個積分常數。

例題 3.5：
已知感應的電場向量的表示式，求磁場的時間變化率。

題目 在某一個區域，已知感應電場的表示式為：

$$\vec{E}(x, y, z) = E_0 \left[\left(\frac{z}{z_0} \right)^2 \hat{i} + \left(\frac{x}{x_0} \right)^2 \hat{j} + \left(\frac{y}{y_0} \right)^2 \hat{k} \right]$$

求在該區域磁場的時間變化率。

解答 法拉第定律告訴你，感應電場的旋度等於負的磁場向量對於時間的微分。因此，

$$\frac{\partial \vec{B}}{\partial t} = -\vec{\nabla} \times \vec{E}$$

在本題中，上式變成：

$$\frac{\partial \vec{B}}{\partial t} = -\left(\frac{\partial E_z}{\partial y} - \frac{\partial E_y}{\partial z}\right)\hat{i} - \left(\frac{\partial E_x}{\partial z} - \frac{\partial E_z}{\partial x}\right)\hat{j} - \left(\frac{\partial E_y}{\partial x} - \frac{\partial E_x}{\partial y}\right)\hat{k}$$

將 $\vec{E}$ 值代入，計算後得到：

$$\frac{\partial \vec{B}}{\partial t} = -E_0\left[\left(\frac{2y}{y_0^2}\right)\hat{i} + \left(\frac{2z}{z_0^2}\right)\hat{j} + \left(\frac{2x}{x_0^2}\right)\hat{k}\right]$$

習　題

你可以經由解下面這些題目，增加你對法拉第定律的瞭解。本書的網站（及附錄 C）提供有完整的解答。

3.1 有一個正方形迴圈，每邊長為 a，平躺在 yz 平面，而在此區域有一個隨時間改變的磁場 $\vec{B}(t) = B_0 e^{-5t/t_0}\,\hat{i}$，求在此正方形感應的電動勢。

3.2 有一個每邊長為 L 的導電正方形迴圈，在做轉動，使得其法線和一固定磁場 $\vec{B}$ 之間的夾角，以 $\theta(t) = \theta_0\left(t/t_0\right)$ 的方式改變；求在此迴圈的感應電動勢。

3.3 一根導電棒以等速率 v 貼著垂直導電軌道下降，此時有一個均勻且維持定值的磁場，指向紙張內，如圖所示。
(a) 寫出在迴圈的感應電動勢的表示式。
(b) 決定在迴圈的電流的方向。

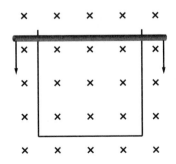

3.4　有一個正方形迴圈，每邊長為 a，以等速率 v 運動進入一個有磁場的區域，磁場的大小為 B_0、方向與迴圈垂直，如圖所示。試畫出在迴圈的感應電動勢的圖，並寫出當迴圈進入、穿越以及離開磁場區時，各時段的電動勢的大小。

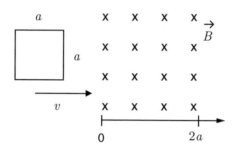

3.5　一個半徑 20 cm、電阻為 12 Ω 的圓形導電迴圈，圈住一根螺線管於其中，該螺線管的繞線 5 圈、長度 38 cm、半徑 10 cm，如圖所示。假如螺線管的電流在 2 s 內從 80 mA 以線性方式增加到 300 mA，則在此迴圈最大的感應電流是多少？

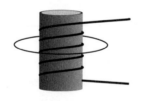

3.6　一個圈數為 125 圈的長方形電線線圈，邊長為 25 cm 和 40 cm，放在一個大小為 3.5 mT 的垂直磁場中。線圈以一個水平軸為軸在轉動，求線圈需要轉多快，才會使感應電動勢達到 5V？

3.7　一個長螺線管的電流，以 $I(t) = I_0 \sin \omega t$ 的方式隨時間改變。
　　用法拉第定律去求螺管線內面和外面的感應電場與 r 的關係，
　　其中 r 是場的位置和螺線管的軸的距離。

3.8　一條長的直電線，其電流以 $I(t) = I_0 e^{-t/\tau}$ 的方式隨時間遞減。
　　有一個每邊長為 s 的正方形電線迴圈與電線躺在同一平面上，
　　且有兩個邊和電線平行，如圖所示。假如電線與最靠近的邊的
　　距離為 d，求在迴圈上的感應電動勢。

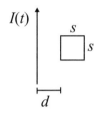

第4章

安培－馬克士威定律

The Ampere-
Maxwell
Law

有幾千年的歷史，人類所知道的磁場的來源，只限於一些鐵礦石，

以及一些意外被磁化、或有計畫的被磁化的材料而已。

終於在 1820 年，法國物理學家安培（Andre-Marie Ampere）

聽到丹麥的厄斯特（Hans Christian Oersted）曾經測到

羅盤的指針會被附近的電流轉向，

而在一個星期內，安培就將電流和磁場的關係做出量化的結果。

「安培定律」是描述一個穩定的電流和循環的磁場的關係，

這在馬克士威研究電磁場的 1850 年代，是物理學家都熟知的事。

然而，他們也知道安培定律只能應用到牽涉穩定電流的靜態情況。

最後是馬克士威增加了一個源頭的項：變化的電通量，

使得安培定律的應用性可以推廣到與時間有關的狀態。

更重要的是，在方程式中增加了這一項

（我們現在把它叫做安培－馬克士威定律），

使得馬克士威能夠去發現光有電磁的特性，

而去發展出一套完整的電磁理論。

4.1　安培－馬克士威定律的積分形式

通常安培－馬克士威定律的積分形式，是寫成：

$$\oint_C \vec{B} \cdot d\vec{l} \;=\; \mu_0 \left(I_{\text{enc}} + \varepsilon_0 \, \frac{d}{dt} \int_S \vec{E} \cdot \hat{n} \, da \right)$$ 　安培－馬克士威定律

方程式的左邊是「磁場繞著一個封閉路徑 C 的環流」的數學描述。右邊含有兩個磁場來源的項：一個穩定的導電電流以及一個電通量的變化項，該項描述「穿過以 C 為邊界的任何表面 S 的電通量」的時間變化率。

　　在這一章，你會發現有磁場的環流的討論，描述在計算 $\vec{B}$ 時，如何去決定需要包括哪一個電流，以及為何變化的電通量叫做位移電流。本章也包括了一些例子，說明如何利用安培－馬克士威定律去解和電流以及磁場有關的問題。像前幾章一樣，你必須先從探討安培－馬克士威定律的主要觀念開始：

> 一個電流、或者是一個變化的電通量，
> 穿過一個表面時，會產生一個循環的磁場，
> 該磁場會以該表面的邊界為路徑而環繞。

換句話說，有一個封閉的路徑，則在以下兩種情形時，會產生一個環繞著該路徑的磁場：任何電流通過該路徑所包圍的區域，或者「穿過以該路徑為邊界的任何表面的電通量」隨著時間發生了變化。

　　重要的是,你必須瞭解這個路徑可以是真實的,或是想像的,不論路徑是否存在,磁場都會產生。

　　以下,我們將安培－馬克士威定律放大來看:

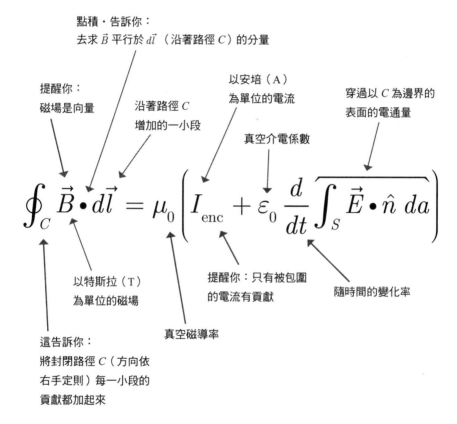

　　安培－馬克士威定律有什麼用呢?假如你有被包圍的電流或電通量變化的資訊,你可以用它來求磁場的環流。更進一步,在有高對稱的情形時,你可以從點積與積分中將 $\vec{B}$ 提出來,如此可以求出磁場的大小。

$\oint_C \vec{B} \cdot d\vec{l}$　磁場的環流

　　花幾分鐘,將一個有磁針的羅盤,在一條長而直並帶有穩定電流的電線旁邊,移動一下,你應該會發現以下的現象:電線中的電流產生一個環繞著該電線的磁場,當你離開電線愈遠時,磁場的強度變得愈弱。

　　當你有更精密的儀器,以及有無限長的電線,你會發現磁場強度會精確的以 $1/r$ 的方式遞減,其中 r 是與電線的距離。所以假如你移動你的量測儀器,並保持與電線的距離不變,例如以圓形繞著電線移動,如圖 4.1 所示,磁場的強度不會變。當你以圓形繞著電線移動時,記下磁場的方向,你會發現它總是沿著路徑的方向,垂直於你的位置和電線之間的想像連線。

　　假如你採用隨意的路徑去繞行電線,有時離電線近一點,有時遠一點,你會發現磁場有時強一點、有時弱一點,而且磁場的方向不再指向路徑的方向。

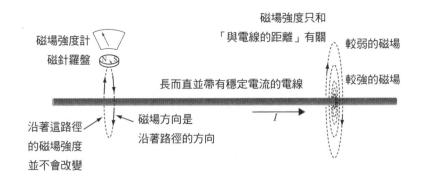

圖 4.1　探測帶電電線周圍的磁場

　　現在想像你在繞著電線走時，每增加一小段路徑，都紀錄磁場的大小和方向。假如在每增加一步時，你量出磁場 $\vec{B}$ 在該段路徑 $d\vec{l}$ 方向的分量，你就可以算出 $\vec{B} \cdot d\vec{l}$ 來。記下每一小段的 $\vec{B} \cdot d\vec{l}$ 的值，並在走完全部路徑時，將這些值都加起來，你就可以得到「安培－馬克士威定律的左邊」的離散版本。將路徑增加的每一小段縮短並趨近於零，使上面的過程變成連續的，因此可得磁場的環流：

$$\text{磁場的環流} \;=\; \oint_C \vec{B} \cdot d\vec{l} \tag{4.1}$$

　　安培－馬克士威定律告訴你，上面這個量等於「積分路徑 C 所圍住的電流」，加上「穿過以 C 為邊界的任意表面的電通量之變化率」。但是假如你希望利用這個定律去求磁場的值，你必須能將 $\vec{B}$ 從點積挖出來，並且能夠將它提到積分符號外面。這表示你需要很小心的去選擇環繞電線的路徑，就像你曾經選了特殊高斯面，因而能從高斯定律中求出電場來，你需要一個特殊安培迴圈去求磁場。

　　在下面三節過後，你將會找到一些例子，探討如何去選擇特殊安培迴圈。而下面三節，我們將討論安培－馬克士威定律右手邊的項。

$\boxed{\mu_0}$ **真空磁導率**

　　在安培－馬克士威定律左手邊的磁環流，以及右手邊的「被圈住的電流和通量的變化率」之間的比例常數是 μ_0，它是真空磁導率。就像介電係數是反應介電體對外加電場的特性一樣，磁導率則決定一個材料對外加磁場的反應。在安培－馬克士威定律中的磁導率，是自由空間的磁導率（或者叫做**真空磁導率**），所以它有一個下標 0。

　　真空磁導率的精確值，以國際單位制表示，等於 $4\pi \times 10^{-7}$ Vs/Am（伏特－秒／安培－公尺）；有時它的單位也表示成 N/A^2（牛頓／安培平方），或者用更基本的單位表示為 m kg/C^2（公尺－公斤／庫侖平方）。所以當你運用安培－馬克士威定律時，不要忘了對右手邊的兩項乘以：

$$\mu_0 = 4\pi \times 10^{-7} \text{ Vs/Am}$$

就像電場的高斯定律中有真空介電係數，安培－馬克士威定律中有真空磁導率這個常數，並不表示該定律只適用於真空中的源和場。我們寫出的安培－馬克士威定律是非常一般性的形式，只是我們必須考慮所有的（包括被束縛的、以及自由的）電流。在附錄 A 裡，你可以找到這個定律的另外一種版本，這個版本在處理磁性材料中的電流和場時，更為有用。

　　介電體對電場的效應、以及磁性物質對磁場的效應，有一個有趣的不同地方，就是在許多磁性材料裡面的磁場，實際上是比外加磁場**更強**。理由是，當這些材料放在外加磁場中的時候，會被磁化，而其感應磁場的方向與外加磁場同方向，如圖 4.2 所示。

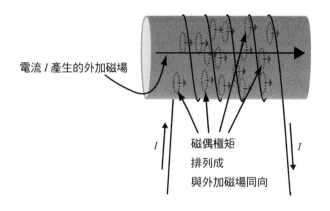

電流 I 產生的外加磁場

I　　磁偶極矩
　　排列成
　　與外加磁場同向　　I

圖 4.2　磁性核心對螺線管內磁場的效應

　　一個磁性材料的磁導率,常表示成**相對磁導率**,就是這個因子使得材料的磁導率大於真空磁導率:

$$相對磁導率 \quad \mu_r = \mu / \mu_0$$

　　材料可分成反磁性、順磁性和鐵磁性三種,其分類是依據相對磁導率來區分的。**反磁性**材料的 μ_r 比 1.0 小一點點,因為感應磁場是微弱的、並且與外加磁場反向。反磁性材料的例子包括金和銀,它們的 μ_r 值的近似值為 0.99997。**順磁性**材料中的感應磁場,微弱的加強了外加磁場,所以這種材料的 μ_r 值比 1.0 大一點點。順磁性材料的例子之一是鋁,它的 μ_r 值是 1.00002。

　　鐵磁性材料的情況要複雜得多,相對磁導率和外加磁場有關。典型的最大 μ_r 值,範圍從幾百(鎳和鈷)到超過 5,000(純鐵)。

也許你可以回憶一下，一條長的螺線管的電感，表示式是：

$$L = \frac{\mu N^2 A}{l}$$

其中，μ 是螺線管中的材料的磁導率，N 是圈數，A 是截面積，l 是線圈的長度。就如這個表示式很清楚的告訴我們，將一條鐵心放入螺線管中，可以使電感增加 5,000 倍或者更多。

就像介電係數，任何介質的磁導率是一個基本參數，它決定了電磁波在該介質中傳播的速率。我們因此只要用一個感應器和一個電容器去測量 μ_0 和 ε_0，就可以決定光在真空中的速率；用馬克士威的說法，在這樣一個實驗中，光唯一的用處就是去看這些儀器。

$\boxed{I_{\text{enc}}}$　被包圍的電流

　　雖然「被包圍的電流」這觀念看起來很簡單，問題是，在安培－馬克士威定律的右手邊，到底有哪一些電流必須包括進來，則需要小心的考慮。

　　從本章的第一節應該很清楚可以看出來，「被包圍」是被路徑 C 所包圍，而我們是繞著 C 對磁場做積分（假如你對想像出一個路徑去包圍某一個東西有所不清楚，也許「圈住」可能是一個比較好的說法）。然而你需要想一下，關於圖 4.3 中的路徑和電流；哪一個電流是被路徑 C_1、C_2 和 C_3 所包圍？而哪些電流不是？

　　要回答此問題最簡單的方法是，想像一張被路徑所撐開的薄膜，如圖 4.4 所示。被包圍的電流就是穿過薄膜的*淨電流*。

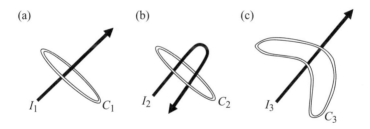

圖 4.3　被路徑所包圍（以及沒被包圍）的電流

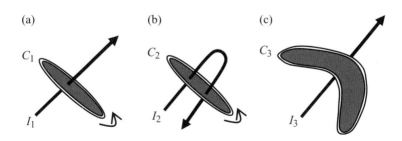

圖 4.4　被路徑所張開的薄膜

　　為何要說「淨」電流的理由是，我們必須考慮電流方向和積分方向的相對關係。習慣上，我們是用右手定則來決定一個電流是正的或是負的：假如你將右手拇指以外的四根指頭彎曲，並繞著路徑指向積分的方向，則你的拇指會指向正電流的方向。因此，在圖 4.4(a)，假如沿著路徑 C_1 積分的方向如圖所示，則被包圍的電流是 $+I_1$；假如積分的方向相反，則被包圍的電流會是 $-I_1$。

　　利用薄膜的方法和右手定則，你應該可以看出來：在圖 4.4(b) 和圖 4.4(c)，被包圍的電流都是零——在圖 4.4(b) 中被包圍的淨電流等於零，因為電流的和是 $I_2 + (-I_2) = 0$；而在圖 4.4(c) 中，不論是哪一個方向，都沒有電流穿過薄膜。

　　有一個你必須要瞭解的重要觀念是，只要是以積分路徑為邊界的面，不論形狀為何，被包圍的電流都會完全一樣。在圖 4.4 所示的表面是最簡單的，但是你一樣可以選圖 4.5 所示的面，而被包圍的電流則會和圖 4.4 完全一樣。

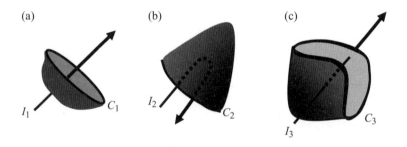

圖 4.5　以 C_1、C_2 和 C_3 為邊界的另外一種面

　　請注意：圖 4.5(a) 中電流 I_1 只在一點穿過表面，所以被包圍的電流是 $+I_1$，就像圖 4.4(a) 的平面膜一樣。在圖 4.5(b) 中電流 I_2 並沒有穿過「襪帽」形狀的面的任何地方，所以被包圍的電流等於零，就像圖 4.4(b) 的平面膜一樣。在圖 4.5(c) 中的面，被電流 I_3 穿過兩

次，一次是在正的方向，另一次是在負的方向，所以穿過這個面的
淨電流還是等於零，就像圖 4.4(c) 的情形一樣（在那裡電流完全沒
有碰到薄膜）。

　　選擇不同的面、以及找出被包圍的電流，不只是一個理性的多
方考量。只要經過這種練習，我們就可以很請楚的看到，馬克士威
加到安培定律的那一項，即通量的變化那一項，是有其必要性的，
這在下一節你就會瞭解。

$$\boxed{\frac{d}{dt}\int_S \vec{E} \bullet \hat{n}\, da}$$　**通量的變化率**

　　這一項是電通量的變化率，它類似法拉第定律中「變化的磁通量」那一項，你可以在第 3 章讀到它的描述。在那個情況，我們知道：穿過任何表面的磁通量的變化，會在「以該表面的邊界為路經的迴圈」上，感應出一個循環的電場。

　　純粹基於對稱的考量，你也許會猜想：穿過一個表面的電通量的變化，也會感應出一個繞著該表面邊界的循環磁場。畢竟，已知的磁場是循環的，安培定律告訴我們，任何電流都會產生這樣的循環磁場。那為何幾十年過去了，卻沒有人發現：配合安培定律的磁感應，去寫出一個「電感應」定律，是很適當的事呢？

　　其中一個理由是，電通量的變化產生的磁場非常弱，很不容易測量到，所以在十九世紀，並沒有實驗的證明可以去做為那樣一個定律的基礎。另外的一個理由是，對於電場和磁場，對稱並不是一個可靠的預測準則；因為，宇宙間充滿了單獨存在的電荷，但是很顯然的，卻缺乏了相對應的磁荷。

　　馬克士威和他同時代的人，確實知道安培定律原先就是只能應用到穩定的電流，因為只有在靜態的條件之下，它才能與電荷守恆原理互相一致。為了要進一步瞭解磁場和電流的關係，馬克士威精心設計了一個觀念上的模型，他用一個力學的漩渦代表磁場，而用小粒子被推到轉動的漩渦的運動，來代表電流。當他把彈性加到他的模型，並讓磁場在應力之下變形，這使得馬克士威瞭解到，他有需要再加一項到他的力學版本的安培定律。有了這樣的瞭解，馬克士威終於能夠丟掉他的力學模型，重寫安培定律，他加了一項新的磁場來源。這個來源就是安培－馬克士威定律中的電通量的變化。

大部分教科書用了以下三種方法之一，去證明有需要在安培－馬克士威定律中，加進「電通量的變化」這一項：

1. 電荷守恆；
2. 狹義相對論；
3. 安培定律應用到電容器的充電時，會產生矛盾。

最後一種方法是最常用的，我們將在這一節解釋這個方法。

考慮圖 4.6 所示的電路。當電源開關接通時，有電流 I 會流動去將電容器充電。電流會產生環繞電線的磁場，而此磁場的環流可由安培定律得知，如下：

$$\oint_C \vec{B} \bullet d\vec{l} = \mu_0 (I_{\text{enc}})$$

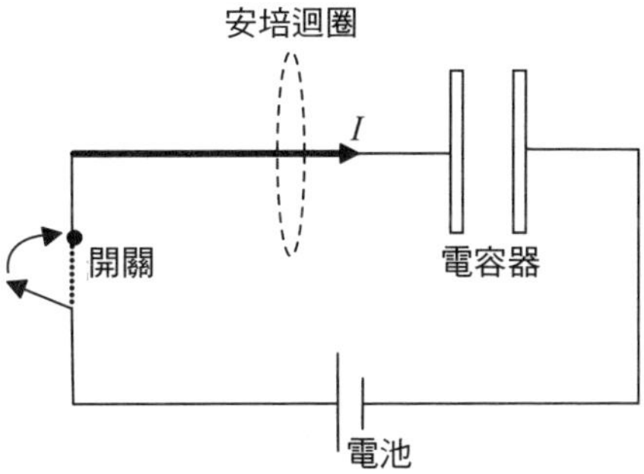

圖 4.6　充電中的電容器

要決定被包圍的電流時，會有一個嚴重的問題。根據安培定律，被包圍的電流包括所有穿過「以路徑 C 為邊界的表面」的電流。但是對於被包圍的電流，假如你選擇如圖 4.7(a) 所示的平面膜當作你的表面，或者你選擇如圖 4.7(b) 所示的「襪帽」當作你的表面，你會得到非常不同的答案。

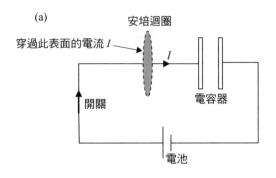

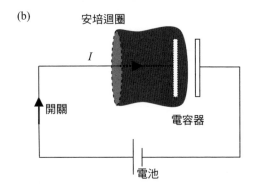

圖 4.7 選擇不同的表面,來決定被包圍的電流

　　雖然電容器在充電時,電流 I 穿過平面膜,但是沒有電流穿過「襪帽」面 (因為電荷聚集在電容器的板上)。然而,這兩個面是以同一個安培迴圈為邊界,所以繞著該路徑的磁場積分必須要相同,不論你取哪一個表面。

　　你必須注意的是,這個不一致性只有在電容器充電時,才會發生。在開關還沒有接通時,沒有電流;而當電容器完全充電後,電流又會回到零。在這兩種情形下,你可以想像,不論你取哪一個表面,被包圍而穿過任何表面的電流都等於零。所以,任何對安培定律的修正,都必須保持它在靜態情況時的正確行為——不管是把應

用範圍推廣到正在充電的電容器，或者是其他和時間有關的情況。

　　經過深思以後，也許可以把我們的問題寫成這樣：因為電容器的板子之間沒有電流通過，那在該區域還有什麼東西在進行，可以當作磁場的來源呢？

　　答案是：因為電容器充電時，電荷會累積集在電板上，因此電板間的電場會隨著時間而改變。這表示，穿過兩個電板之間的「襪帽」面的電通量，會隨著時間而改變，因此，你可以用電場的高斯定律去求出電通量的改變。

　　小心的選擇你的表面的形狀，如圖 4.8 所示，你可以讓它成為**特殊高斯面**，使得面的每一個地方都和電場垂直，並使得它的大小都相等或者是零。忽略邊界的效應，兩個帶電導電板之間的電場是 $\vec{E} = (\sigma/\varepsilon_0)\hat{n}$，其中 σ 是電板的電荷密度（Q/A），因此穿過表面的電通量為：

$$\Phi_E = \int_S \vec{E} \cdot \hat{n} \; da = \int_S \frac{\sigma}{\varepsilon_0} \, da = \frac{Q}{A\varepsilon_0} \int_S da = \frac{Q}{\varepsilon_0} \qquad (4.4)$$

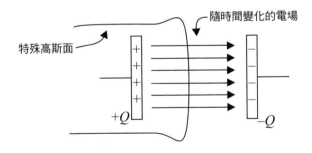

圖 4.8　**電容器電板間，電通量的變化**

而隨時間變化的電通量為：

$$\frac{d}{dt}\left(\int_s \vec{E} \cdot \hat{n} \; da \; \right) \;=\; \frac{d}{dt}\left(\frac{Q}{\varepsilon_0}\right) \;=\; \frac{1}{\varepsilon_0}\frac{dQ}{dt} \tag{4.5}$$

乘以真空介電係數，上式變成：

$$\varepsilon_0 \frac{d}{dt}\left(\int_s \vec{E} \cdot \hat{n} \; da \; \right) \;=\; \frac{dQ}{dt} \tag{4.6}$$

因此，「電通量隨時間的變化」再乘以「真空介電係數」，所得到的量的單位是「電荷除以時間」（用國際單位制是每秒的庫侖數或是安培），當然它就是電流的單位。再說，一個類似電流的量，正是你所期望的，可以加到繞著你的表面邊界的另外的磁場源。由於歷史的典故，介電係數與穿過一個表面電通量的變化率的乘積，叫做位移電流，雖然實際上並沒有電荷流通過該表面。

位移電流是由下面的關係式所定義：

$$I_d \;\equiv\; \varepsilon_0 \frac{d}{dt}\left(\int_s \vec{E} \cdot \hat{n} \; da \; \right) \tag{4.7}$$

不論你選擇如何去叫它，馬克士威把這一項加到安培定律中，證明他對物理有很深的洞察力，也為他建立了隨後發現了光的電磁本性的舞台。

$$\oint_C \vec{B} \cdot d\vec{l} = \mu_0 \left(I_{\text{enc}} + \varepsilon_0 \frac{d}{dt} \int_S \vec{E} \cdot \hat{n} \, da \right)$$

安培－馬克士威定律的應用（積分形式）

　　就像高斯定律中的電場一樣，安培－馬克士威定律中的磁場也是埋在一個積分中，並且和另外一個向量被點積耦連在一起。就像你可能預見的，只有在非常高對稱的情形下，你才可能用這個定律去求出磁場來。但是很幸運的，有幾個有趣而且實際的幾何，具有所需要的對稱性質，包括長的帶電流電線，以及平行板電容器。

　　對於這樣的問題，你的挑戰是去找出一個安培迴圈，使得在該迴圈上，你可以期望：$\vec{B}$ 的大小是均勻的，而且它與迴圈之間的角度是固定的。然而，在你還沒有解出這個問題前，你如何知道對 $\vec{B}$ 該有什麼期望呢？

　　在許多情況下，根據你過去的經驗或者實驗的證據，你對磁場的行為已經有一些概念。但是假如不是這種情況時，你如何想像出要怎樣去畫你的安培迴圈呢？

　　這個問題沒有單一的答案，最好的方法是用邏輯去推論你的做法，以得到有用的結果。甚至是複雜的幾何，你也有可能用必歐－沙伐定律以及對稱性的考慮，去排除磁場的某些個分量，而得以決定磁場的方向。另外一種做法是，你可以想像出 $\vec{B}$ 的幾種不同的行為，然後再看它們是否會得出合理的結果。

　　例如你要解關於一條長直電線的問題，你可以有如下的推理：當你離開電線遠一點時，$\vec{B}$ 的值必須小一點；否則厄斯特在丹麥的實驗，會讓全世界各處的羅盤指針都轉向，這當然沒有發生。再者

因為電線的橫截面是圓的，並沒有任何理由會使得某一側的磁場與另外一側不一樣。所以如果磁場隨著與電線的距離而減小，而且繞著電線時，磁場的大小都一樣，你可以很安全的說：一條 B 是常數的路徑，可能是一個以電線為中心、並且與電流方向垂直的圓。

然而，要去處理安培定律中的 B 與 $d\vec{l}$ 的點積，你還需要確定你的路徑與磁場方向之間的角度，須保持是一個常數（最理想的是 0 度）。如果 $\vec{B}$ 同時具有與距離有關的徑向和橫向的分量，則你的路徑與磁場之間的角度，可能和路徑上的點與電線之間的距離有關。

假如你瞭解必歐－沙伐定律中的 $d\vec{l}$ 與 $\hat{r}$ 之間叉積的意義，你可能懷疑情況並不是這樣。要證明這個，試想像 $\vec{B}$ 有一個分量，直接指向電線。假如你順著電流的方向去看電線，你會看到電流的流向是遠離你而去，而磁場指向電線。再來，如果同時你有一個朋友從相反的方向看過來，她會看到電流的流向是往接近她的方向而來，當然 $\vec{B}$ 的方向也是指向電線。

現在問你自己，假如你將電流的方向倒反，會有什麼事情發生呢？因為根據必歐－沙伐定律，磁場與電流成線性比例（ $\vec{B} \propto \vec{I}$ ），因此讓電流反向，也將使得磁場反向，$\vec{B}$ 因此將指向離開電線的方向。現在往你原來的方向看，你將會看到電流的流向是往接近你的方向而來（因為在倒反以前的方向是離開你），但是你看到磁場的指向是離開電線的方向。再者，你的朋友仍然往她原先的方向看，她看到電流的流向是遠離她而去，而磁場的指向是離開電線的方向。

比較你和你朋友的筆記，你會發現邏輯上的不一致。你會說：「電流往離開我的方向流去時，會產生一個往電線方向的磁場；電流往我的方向流來時，會產生一個離開電線方向的磁場。」當然，你的朋友會有完全相反的描述。再者，假如你們兩個人互相交換位置，並重複上面的實驗，你們兩個各自都會發現，原先的結論都不再是事實。

　　這個不一致性可以獲得完滿的解決——假如磁場是以圓圈方式環繞著電線，而完全沒有徑向分量。當 $\vec{B}$ 只有一個 ϕ 分量時 [6]，所有的觀測者都同意，當電流的方向是離開觀測者時，會產生一個順時針方向的磁場（該觀測者看到的），而當電流的方向是趨近觀測者時，會產生一個逆時針方向的磁場（對該觀測者而言）。

　　在沒有外界的證據時，這種邏輯的推理，是你去設計有用的安培迴圈最好的指引。所以，對於有關直電線的問題，你的迴圈合乎邏輯的選擇是：一個以電線為中心的圓圈。你的迴圈要取多大呢？首先，記住你要取一個安培迴圈的目的，就是要在某一個位置求磁場的值。所以讓你的安培迴圈經過該位置。換句話說，迴圈的半徑必須等於你要量磁場的位置到電線的距離。以下這個例子，告訴你這個方法如何可以行得通。

[6] 原注：請記住，在本書的網站及附錄 B，有圓柱坐標和球坐標的複習。

例題 4.1：
已知電線的電流，求電線內以及電線外的磁場。

題目　一條半徑為 r_0 的長直電線，帶有穩定的電流 I，電流均勻分布在它的截面積上。求磁場的大小和 r 的關係，其中 r 是場的位置到電線中心軸的距離，$r > r_0$ 與 $r < r_0$ 的情形都需考慮。

解答　因為電流是穩定的，你可以用安培定律的原先形式：

$$\oint_C \vec{B} \cdot d\vec{l} \;=\; \mu_0 (I_{\text{enc}})$$

　　要求電線外（$r > r_0$）的 $\vec{B}$，可以用上面所述的邏輯去畫出電線外的迴圈，如次頁的圖 4.9 中的安培迴圈 #1。因為 $\vec{B}$ 和 $d\vec{l}$ 都只有 ϕ 分量，而且如果你在決定積分的方向時遵照右手定則，則上述兩個

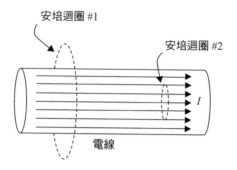

圖 4.9 半徑為 r_0 的帶電流電線的安培迴圈

向量都會指向同一個方向，所以點積 $\vec{B} \cdot d\vec{l}$ 變成：$\left|\vec{B}\right|\left|d\vec{l}\right|\cos 0°$ 。
再者，因為繞著迴圈時，$\left|\vec{B}\right|$ 是一個常數，可以提出積分外：

$$\oint_C \vec{B} \cdot d\vec{l} = \oint_C \left|\vec{B}\right|\left|d\vec{l}\right| = B\oint_C dl = B(2\pi r)$$

其中 r 是你的安培迴圈的半徑 [7]。安培定律告訴你：繞著你的路徑
對 $\vec{B}$ 的積分，等於路徑包圍的電流乘以真空磁導率。而在此處，被
包圍的電流等於全部的電流 I，因此：

$$B(2\pi r) = \mu_0 I_{\text{enc}} = \mu_0 I$$

又，因為 $\vec{B}$ 是在 ϕ 方向，得：

$$\vec{B} = \frac{\mu_0 I}{2\pi r}\hat{\phi}$$

[7] 原注：要瞭解這個式子的另外一個方法是，將 $\vec{B}$ 寫成 $B_\phi\hat{\phi}$，而 $d\vec{l}$ 寫成
$(r\,d\phi)\hat{\phi}$，所以 $\vec{B} \cdot d\vec{l} = B_\phi\,r\,d\phi$，因此得 $\int_0^{2\pi} B_\phi\,r\,d\phi = B_\phi(2\pi r)$。

　　這個結果和表 2.1 所給的式子相同。請注意，這表示在電線外的點，磁場的大小是以 $1/r$ 的方式遞減，就像所有的電流都集中在電線的中心一樣。

　　要求電線內（$r < r_0$）的磁場，你可以用相同的邏輯，但是取比較小的迴圈，如圖 4.9 中的安培迴圈 #2。在這個情形時，唯一不同的地方是，並不是所有的電流都被迴圈包圍住；因為電流是均勻分布於電線的截面積，電流的密度[8] 是 $I / (\pi r_0^2)$，所以穿過迴圈的電流為電流密度乘以迴圈的面積。因此：

被包圍的電流 = 電流密度 × 迴圈面積

即
$$I_{\text{enc}} = \frac{I}{\pi r_0^2} \pi r^2 = I \frac{r^2}{r_0^2}$$

將上式代入安培定律，得：

$$\oint_C \vec{B} \cdot d\vec{l} = B(2\pi r) = \mu_0 I_{\text{enc}} = \mu_0 I \frac{r^2}{r_0^2}$$
$$B = \frac{\mu_0 I r}{2\pi r_0^2}$$

所以，在電線內的磁場大小，是與電線中心的距離呈線性增加的關係，而到電線表面時，達最大值。

[8] 原注：假如你需要電流密度的複習，在本章後面有一節會討論此話題。

例題 4.2：

已知電容器上的電荷量與時間的關係，

求兩電板間電通量的變化率，

以及在某一個具體位置上產生的磁場大小。

題目 一個圓形平行板電容器，板的半徑為 r_0，電容為 C，以電線接上一個電阻 R，並且用一個電位差為 ΔV 的電池來充電。求兩板間電通量的變化率與時間的關係，並求與板中心位置的距離為 r 處的磁場大小。

解答 由方程式 4.5，兩板間電通量的變化率為：

$$\frac{d\Phi_E}{dt} = \frac{d}{dt}\left(\int_S \vec{E} \cdot \hat{n}\, da\right) = \frac{1}{\varepsilon_0}\frac{dQ}{dt}$$

其中 Q 是在每一個板上的總電荷量。所以，首先你必須先去求充電時，每一個板上的電荷量如何隨時間變化。假如你學過串連的 RC 電路，你可以回憶一下其相關的表示式為：

$$Q(t) = C\Delta V\left(1 - e^{-t/RC}\right)$$

其中 ΔV、R 和 C 分別是電位差、串連的電阻以及電容。因此：

$$\frac{d\Phi_E}{dt} = \frac{1}{\varepsilon_0}\frac{d}{dt}\left[C\Delta V\left(1 - e^{-t/RC}\right)\right] = \frac{1}{\varepsilon_0}\left(C\Delta V\frac{1}{RC}e^{-t/RC}\right) = \frac{\Delta V}{\varepsilon_0 R}e^{-t/RC}$$

這是兩板間總電通量的變化率。要求「離板中心的距離為 r 處的磁場大小」，你需要建構一個特殊安培迴圈，幫助你將磁場從安培－馬克士威定律中，提到積分外面：

$$\oint_C \vec{B} \cdot d\vec{l} = \mu_0\left(I_{enc} + \varepsilon_0\frac{d}{dt}\int_S \vec{E} \cdot \hat{n}\, da\right)$$

因為電容器兩板之間沒有電荷通過，所以 $I_{enc} = 0$，因此：

$$\oint_C \vec{B} \cdot d\vec{l} = \mu_0 \left(\varepsilon_0 \frac{d}{dt} \int_S \vec{E} \cdot \hat{n}\, da \right)$$

　　就如上一個例題，你面對的挑戰是：去設計出一個特殊安培迴圈，繞著該迴圈的磁場大小是一個常數，而其方向與繞著迴圈的積分路徑平行。假如你用與直電線相似的邏輯，你可以看出來最好的選擇是：去取一個和電板平行的迴圈，如圖 4.10 所示。

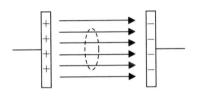

圖 4.10 電容器兩板之間的安培迴圈

　　這個迴圈的半徑是 r，它是你要求的磁場大小的位置到電板中心的距離。當然，並不是所有兩板之間的通量都穿過這個迴圈，所以你必須去修改通量變化的表示式。「穿過半徑為 r 的迴圈的通量」占總通量的百分比，就等於迴圈面積與電板面積之比：$\pi r^2 / \pi r_0^2$（譯者按：此式只有在 $r < r_0$ 時，才成立）。因此，穿過迴圈的通量的變化率為：

$$\left(\frac{d\Phi_E}{dt} \right)_{\text{Loop}} = \frac{\Delta V}{\varepsilon_0 R} e^{-t/RC} \left(\frac{r^2}{r_0^2} \right)$$

代入安培－馬克士威定律，得：

$$\oint_C \vec{B} \cdot d\vec{l} = \mu_0 \left[\varepsilon_0 \frac{\Delta V}{\varepsilon_0 R} e^{-t/RC} \left(\frac{r^2}{r_0^2} \right) \right] = \frac{\mu_0 \Delta V}{R} e^{-t/RC} \left(\frac{r^2}{r_0^2} \right)$$

再者，利用如例題 4.1 所用的對稱性的推論，你所選的安培迴圈使得 $\vec{B}$ 可以從點積與積分中提出來：

$$\oint_C \vec{B} \cdot d\vec{l} = B(2\pi r) = \frac{\mu_0 \Delta V}{R} e^{-t/RC} \left(\frac{r^2}{r_0^2} \right)$$

化簡得：

$$B = \frac{\mu_0 \Delta V}{2\pi r R} e^{-t/RC} \left(\frac{r^2}{r_0^2} \right) = \frac{\mu_0 \Delta V}{2\pi R} e^{-t/RC} \left(\frac{r}{r_0^2} \right)$$

此式表示：磁場隨著與中心的距離線性增加，但是以指數方式隨著時間減小，而在時間 $t = RC$ 時，其大小等於起始值的 $1/e$。

4.2　安培－馬克士威定律的微分形式

安培－馬克士威定律的微分形式，一般是寫成如下的方程式：

$$\vec{\nabla} \times \vec{B} = \mu_0 \left(\vec{J} + \varepsilon_0 \frac{\partial \vec{E}}{\partial t} \right)$$　安培－馬克士威定律（微分形式）

上面方程式的左邊是磁場的旋量的數學描述，是磁場線繞著一個點環行的傾向度。而方程式右邊的兩項，代表電流密度以及電場的時間變化率。

這些項，將在下面幾節中做細節的討論。但是現在，你必須確定，你已經抓住了安培－馬克士威定律的主要觀念：

> 一個循環的磁場
> 是由一個電流、
> 以及一個隨時間而變化的電場所產生。

為了幫助你瞭解安培－馬克士威定律微分形式中，每一個符號的意義，我們將它的字體放大來看：

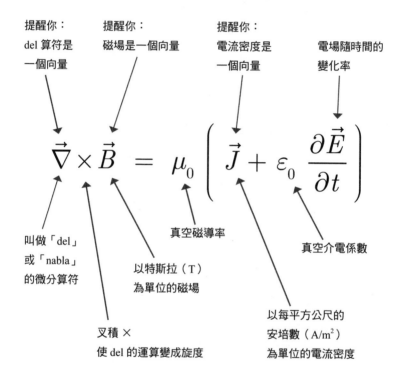

$$\boxed{\vec{\nabla} \times \vec{B}}$$ **磁場的旋度**

　　安培－馬克士威定律微分形式的左邊，代表磁場的旋度。所有的磁場，不論是由電流產生的、或者是由電場的變化產生的，都會循環回到起始點，形成連續的迴圈。

　　再者，所有會循環回到起始點的場，必須包含至少一個位置，其特徵是：繞著該位置的該場的路徑積分不等於零。對於磁場而言，旋度不等於零的位置是電流通過的位置，或者是電場改變的位置。

　　有一點很重要，你必須要瞭解的，就是：不要只因為磁場會循環，你就得出任何地方的旋度都不等於零的結論。一個常有的不正確的觀念是，一個向量場看起來在任何地方都是彎曲的，則其旋度必不等於零。

　　要瞭解為何這是錯誤的，考慮如圖 2.1 所示的無限長帶電流的電線。磁場線環繞著電流，而你從表 2.1 可以得到磁場方向是指向 $\hat{\phi}$ 方向，並以 $1/r$ 的方式遞減：

$$\vec{B} = \frac{\mu_0 I}{2\pi r}\,\hat{\phi}$$

用圓柱坐標，可以很直接的求出這個場的旋度：

$$\vec{\nabla} \times \vec{B} = \left(\frac{1}{r}\frac{\partial B_z}{\partial \phi} - \frac{\partial B_\phi}{\partial z}\right)\hat{r} + \left(\frac{\partial B_r}{\partial z} - \frac{\partial B_z}{\partial r}\right)\hat{\phi} + \frac{1}{r}\left(\frac{\partial(r B_\phi)}{\partial r} - \frac{\partial B_r}{\partial \phi}\right)\hat{z}$$

因為 B_r 和 B_z 都等於零，上式變成：

$$
\vec{\nabla} \times \vec{B} = \left(-\frac{\partial B_\phi}{\partial z} \right) \hat{r} + \frac{1}{r} \left(\frac{\partial (rB_\phi)}{\partial r} \right) \hat{z}
$$

$$
= -\frac{\partial (\mu_0 I / 2\pi r)}{\partial z} \hat{r} + \frac{1}{r} \frac{\partial (r\mu_0 I / 2\pi r)}{\partial r} \hat{z} = 0
$$

　　然而，安培－馬克士威定律的微分形式，不是告訴我們在電流以及變化的電場附近，磁場的旋度不等於零嗎？

　　不，並不是這樣。它告訴我們 $\vec{B}$ 的旋度不等於零的**精確位置**是在有電流通過的地方，或者在該處有變化的電場。離開這個位置，場確實是彎曲的，但是在任何點，其旋度是精準的等於零，就如你剛剛從無限長直線電流的磁場方程式所得到的結果。

　　一個彎曲的場如何會有零的旋度？答案在於磁場的**大**小以及方向，這個你可以從圖 4.11 看出究竟。

　　用類似於流體的流動和可以轉動的槳的比喻，想像放在場中的可轉動的槳所受的力，如圖 4.11(a)。彎曲線的曲率中心，在圖的最低點更下方，而箭頭之間的間隔顯示：離開曲率中心愈遠的地方，場愈弱。由於場線彎曲的方向，使得看第一眼時，可能會認為槳會隨著順時針方向轉，因為在左邊的槳，流線是往右上方走，而在右邊的槳，流線是往右下方走。

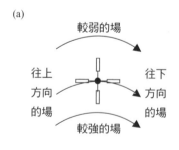
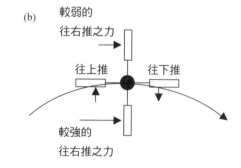

圖 4.11 $\vec{B}$ 的旋度的分量的抵消

　　然而，必須考慮在槳軸的上方，場的強度減弱了：上面的槳接受到由場而來的推力，要比下面的槳所受的推力弱，如圖 4.11(b) 所示。在下面的槳受到較強的推力，會企圖使槳向逆時針方向轉。因此，往下彎曲的場線被「離曲率中心愈遠、強度愈弱的效應」抵消掉。而且，如果場的大小是以 $1/r$ 的方式隨距離遞減，則作用在左右槳的向上－向下的推力，會很精確的被作用在上下槳的較弱－較強的推力，完全抵消掉。所以順時針和逆時針的力互相平衡，使得槳不轉動，即在這個位置的旋度等於零，雖然場線是彎曲的。

　　在這個解釋中的關鍵觀念是：磁場可以在許多不同的地方是彎曲的，但是只有在有電流通過的點（或者電通量在變化的點），$\vec{B}$ 的旋度不等於零。這類似於「電場大小是以 $1/r^2$ 的方式隨著與點電荷的距離而遞減，使得離開電荷位置的所有的點，電場散度都等於零」。

　　就像電場的情形一樣，我們在剛剛的分析中，並沒有包括原點（該處 $r = 0$）是因為我們的旋度表示式中，包含了「r 出現在分母」的一些項，而這些項在原點會變成無窮大。要去計算在原點的旋度，我們用第 3 章所描述的旋度的正式定義：

$$\vec{\nabla} \times \vec{B} \;\equiv\; \lim_{\Delta S \to 0} \frac{1}{\Delta S} \oint_C \vec{B} \cdot d\vec{l}$$

考慮一個圍住電流的特殊安培迴圈，上式變成：

$$\vec{\nabla} \times \vec{B} \equiv \lim_{\Delta S \to 0} \frac{1}{\Delta S} \oint_C \vec{B} \cdot d\vec{l} = \lim_{\Delta S \to 0} \left(\frac{1}{\Delta S} \frac{\mu_0 \vec{I}}{2\pi r} (2\pi r) \right) = \lim_{\Delta S \to 0} \left(\frac{1}{\Delta S} \mu_0 \vec{I} \right)$$

然而，$\vec{I}/\Delta S$ 就是在表面 ΔS 上的平均電流密度，而當 ΔS 縮減至

零時,它變成在原點的電流密度 $\vec{J}$。因此在原點:

$$\vec{\nabla} \times \vec{B} = \mu_0 \vec{J}$$

這和安培定律是一致的。

所以就如你可能會誤認為:以電荷為根基的電場向量,在每一個地方都「發散」,因為它們愈遠分得愈開;你或許也會誤認為:磁場在每一個地方都會有旋度,因為它們彎曲的環繞著一個中心點。但是決定「在任何一點的旋度」的關鍵因素,並不是簡單的由「在該點的場線曲率」來決定的,而是還需要考慮「場是如何由該點的一側變化到另外一側(例如由左邊到右邊),並與垂直方向(下面到上面)的變化做比較」。假如這些微細的變化是精確的相等,則在該點的旋度等於零。

在帶電流電線的情況,磁場的大小隨著與該電線的距離愈遠而變得愈小,剛好和場線的曲率精確的互相抵消掉。因此磁場的旋度除了在有電流通過的電線本身外,在其他每一個地方都等於零。

$\boxed{\vec{J}}$　電流密度

　　安培－馬克士威定律微分形式的右手邊，包含了循環磁場的兩個來源的項——第一項牽涉到電流密度向量。這個量有時候叫做：**體電流密度**。而它可能會造成困擾，尤其你假如習慣於把體密度解釋成，每單位體積內某物質有多少量，例如質量密度為 kg/m³，或者電荷密度為 C/m³。

　　但是在電流密度，情況不是這樣。電流密度的定義是：垂直於電流向量的截面上，每單位面積的電流量。所以電流的密度不是每立方公尺的安培數，而是每平方公尺的安培數（A/m²）。

　　要瞭解電流密度的觀念，得回憶一下在第 1 章的通量討論，$\vec{A}$ 這個量的定義是「流體的數目密度（每立方公尺的粒子數）」乘以「流動的速度（每秒的公尺數）」。由於 $\vec{A}$ 是數目密度（一個純量）與速度（一個向量）的乘積，$\vec{A}$ 便是一個向量，其方向和「速度的方向」相同，而單位為每平方公尺每秒鐘的粒子數。在最簡單的情況下（$\vec{A}$ 是均勻的、而且垂直於表面），要算出每秒鐘穿過一個面的粒子數，你只要將 $\vec{A}$ 乘以面積即可。

　　與此相同的觀念可以應用到電流密度，只是現在，我們必須考慮穿過表面的**電荷量**，而不是原子的數目。假如電荷載子的數目密度是 n，而每一個載子的電荷是 q，則每秒鐘穿過「垂直於流動方向的每單位面積」的電荷量是：

$$\vec{J} \;=\; n\,q\,\vec{v}_{\text{d}} \qquad （\text{C/m}^2\text{s 或 A/m}^2） \tag{4.8}$$

其中 $\vec{v}_{\text{d}}$ 是電荷載子的平均漂移速度。因此電流密度的方向就是電流的方向，而其大小是每單位面積的電流，如圖 4.12 所示。

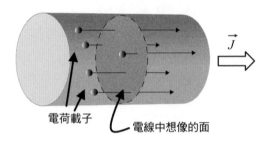

電荷載子　電線中想像的面

圖 4.12　電荷的流動以及電流密度

　　通過一個面的總電流與電流密度 $\vec{J}$ 之間的關係，複雜程度和幾何情況有關。如果電流密度 $\vec{J}$ 在一個表面 S 上是均勻的，而且每一個地方都垂直於該面，則其關係是：

$$I \;=\; \left|\vec{J}\right| \times (\text{表面積}) \tag{4.9}$$

$$\vec{J} \text{均勻、且垂直於} S$$

假如 $\vec{J}$ 在 S 上是均勻的，但並不一定垂直於該表面，則要計算通過 S 的總電流 I，你必須去找出垂直於該表面的電流密度的分量。如此則 I 和 $\vec{J}$ 的關係為：

$$I \;=\; (\vec{J} \bullet \hat{n}) \times (\text{表面積}) \tag{4.10}$$

$$\vec{J} \text{均勻、但與} S \text{之間有一個角度}$$

而假如 $\vec{J}$ 不均勻、同時與表面不垂直，則：

$$I = \int_S \vec{J} \cdot \hat{n} \; da \tag{4.11}$$

$\vec{J}$ 不均勻、且與 S 之間的角度不是定值

這個表示式解釋了，為何有一些教科書把電流叫做「電流密度的通量」。

安培－馬克士威定律中的電流密度，包含了所有的電流，包括磁性材料中的束縛電流密度。你可以從附錄 A 中，讀到更多關於在物質中的馬克士威方程式的討論。

$$\boxed{\varepsilon_0 \frac{\partial \vec{E}}{\partial t}}$$ **位移電流密度**

安培－馬克士威定律中，磁場的第二個來源的項，牽涉到電場隨時間的變化。當再乘以真空介電係數時，此項的 SI 單位為每平方公尺的安培數（A/m^2）。這個單位和 $\vec{J}$ 的單位完全相同，而 $\vec{J}$ 是*傳導電流密度*，它也出現在安培－馬克士威定律的微分形式的右手邊。馬克士威原先認為這一項的來源是，由於磁場漩渦的彈性變形而產生的帶電粒子的物理位移。而其他的一些人則創造了*位移電流*這個名詞去描述這個效應。

然而，位移電流密度是否真的代表一個實際的電流？當然不能用這些字的傳統意義來看它，因為電流的定義是電荷的實體運動。但是我們也很容易瞭解，為何經過了這麼多年，這個名稱還是給保留下來，因為它有「每平方公尺的安培數」的單位，同時它也是磁場的一個來源。再者，位移電流密度是一個向量，它和磁場的關係，跟傳導電流密度 $\vec{J}$ 和磁場的關係完全一樣。

此處的關鍵觀念是：*一個變化的電場會產生一個變化的磁場*，甚至此時並無電荷出現，也沒有真正的電流在流動。經由這個機制，電磁波甚至可以在完全的真空中傳播，一個變化的磁場感應出一個電場，而一個變化的電場感應出一個磁場。

原先由馬克士威的力學模型而提出來的「位移電流」這一項，其重要性是不言可喻的。加了一項「變化的電場」為產生磁場的來源，消除了安培定律與電荷守恆原理的不一致性，也延伸了它的應用範圍到「隨時間變化的場」。更重要的是，它讓馬克士威能夠發展出一套更廣泛而完整的電磁理論——第一個真正的場論，同時也是許多二十世紀物理學的基礎。

$$\vec{\nabla} \times \vec{B} = \mu_0 \left(\vec{J} + \varepsilon_0 \frac{\partial \vec{E}}{\partial t} \right)$$

安培－馬克士威定律的應用（微分形式）

安培－馬克士威定律的微分形式最常看到的應用是：問題中給你一個磁場向量的表示式，而要你去求出電流密度或者是位移電流。以下是這一類問題的兩個例子。

例題 4.3：
已知磁場，求在某一個具體位置的電流密度。

題目　利用表 2.1 的磁場表示式，求在一個半徑為 r_0 的長直電線的內部以及外部的電流密度，假設總電流 I 均勻分布於其體積內，並流向正的 z 方向。

解答　從表 2.1 以及例題 4.1，在一條長直電線內的磁場為：

$$\vec{B} = \frac{\mu_0 I r}{2\pi r_0^2} \hat{\phi}$$

其中 I 是電線的電流，而 r_0 是電線的半徑。

在圓柱坐標，$\vec{B}$ 的旋度是：

$$\vec{\nabla} \times \vec{B} \equiv \left(\frac{1}{r}\frac{\partial B_z}{\partial \phi} - \frac{\partial B_\phi}{\partial z} \right)\hat{r} + \left(\frac{\partial B_r}{\partial z} - \frac{\partial B_z}{\partial r} \right)\hat{\phi} + \frac{1}{r}\left(\frac{\partial(rB_\phi)}{\partial r} - \frac{\partial B_r}{\partial \phi} \right)\hat{z}$$

因為在這個題目，$\vec{B}$ 只有 $\hat{\phi}$ 分量，所以：

$$\vec{\nabla} \times \vec{B} = \left(-\frac{\partial B_\phi}{\partial z} \right) \hat{r} + \frac{1}{r} \left(\frac{\partial (r B_\phi)}{\partial r} \right) \hat{z}$$

$$= \frac{1}{r} \left(\frac{\partial \left(r \mu_0 I / 2\pi r_0^2 \right)}{\partial r} \right) \hat{z} = \frac{1}{r} \left(2r \frac{\mu_0 I}{2\pi r_0^2} \right) \hat{z}$$

$$= \left(\frac{\mu_0 I}{\pi r_0^2} \right) \hat{z}$$

利用安培－馬克士威定律的靜態版本（因為電流是穩定的），你可以從 $\vec{B}$ 的旋度求出 $\vec{J}$ 來：

$$\vec{\nabla} \times \vec{B} = \mu_0 (\vec{J})$$

因此，

$$\vec{J} = \frac{1}{\mu_0} \left(\frac{\mu_0 I}{\pi r_0^2} \right) \hat{z} = \frac{I}{\pi r_0^2} \hat{z}$$

這是電線內部的電流密度。取電線外部 $\vec{B}$ 的表示式的旋度，你會得到 $\vec{J} = 0$ 的結果，就如我們預期的。（譯者提示：在電線內，B_ϕ 與 r 成正比，但是在電線外，B_ϕ 與 r 成反比，所以電線內和電線外有不同的磁場旋度。）

例題 4.4：
已知磁場，求位移電流密度。

題目 在例題 4.2，我們求得的「在圓形平行板電容器之間的磁場」表示式為：

$$\vec{B} \;=\; \frac{\mu_0 \Delta V}{2\pi R} e^{-t/RC} \left(\frac{r}{r_0^2} \right) \hat{\phi}$$

試利用此式，求兩板之間的位移電流密度。

解答　再一次，你可以用圓柱坐標去表示 $\vec{B}$ 的旋度：

$$\vec{\nabla} \times \vec{B} \;\equiv\; \left(\frac{1}{r}\frac{\partial B_z}{\partial \phi} - \frac{\partial B_\phi}{\partial z} \right) \hat{r} + \left(\frac{\partial B_r}{\partial z} - \frac{\partial B_z}{\partial r} \right) \hat{\phi} + \frac{1}{r}\left(\frac{\partial (rB_\phi)}{\partial r} - \frac{\partial B_r}{\partial \phi} \right) \hat{z}$$

也再一次，$\vec{B}$ 只有 $\hat{\phi}$ 分量，所以：

$$
\begin{aligned}
\vec{\nabla} \times \vec{B} \;&=\; \left(-\frac{\partial B_\phi}{\partial z} \right) \hat{r} + \frac{1}{r}\left(\frac{\partial (rB_\phi)}{\partial r} \right) \hat{z} \\
&=\; \frac{1}{r} \left[\frac{\partial \left(\left(r\mu_0 \Delta V \big/ 2\pi R \right) e^{-t/RC} \left(r \big/ r_0^2 \right) \right)}{\partial r} \right] \hat{z} \\
&=\; \frac{1}{r}\left[2r\,\frac{\mu_0 \Delta V}{2\pi R} e^{-t/RC} \left(\frac{1}{r_0^2} \right) \right] \hat{z} \;=\; \left[\frac{\mu_0 \Delta V}{\pi R} e^{-t/RC} \left(\frac{1}{r_0^2} \right) \right] \hat{z}
\end{aligned}
$$

因為在電容器兩板之間沒有傳導電流，即 $\vec{J} = 0$，所以安培－馬克士威定律為：

$$\vec{\nabla} \times \vec{B} \;=\; \mu_0 \left(\varepsilon_0 \frac{\partial \vec{E}}{\partial t} \right)$$

由上式，你可以求出位移電流密度：

$$\varepsilon_0 \frac{\partial \vec{E}}{\partial t} \;=\; \frac{\vec{\nabla} \times \vec{B}}{\mu_0} \;=\; \frac{1}{\mu_0}\left[\frac{\mu_0 \Delta V}{\pi R} e^{-t/RC} \left(\frac{1}{r_0^2} \right) \right] \hat{z} \;=\; \left[\frac{\Delta V}{R} e^{-t/RC} \frac{1}{\pi r_0^2} \right] \hat{z}$$

習 題

以下這些題目，將測試你對安培－馬克士威定律的瞭解。在本書的網站（及附錄 C）提供有這些題目的完整解答。

4.1 兩條平行的電線分別帶有電流 I_1 和 $2I_1$，其電流方向相反。利用安培定律，求在兩電線之間的中點位置處的磁場。

4.2 求在螺線管內的磁場。（提示：採用圖中所示的安培迴圈，同時利用在螺線管內磁場與管的軸平行，而在管外磁場可以忽略。）

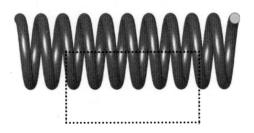

4.3 採用圖中所示的安培迴圈，去求在環面內的磁場。

4.4　如下圖中所示的同軸電纜，內導線帶有電流 I_1，方向如箭頭所示，而外導線帶有電流 I_2，方向相反。假如 I_1 和 I_2 的大小相等，試求在兩導體之間以及電纜外的磁場。

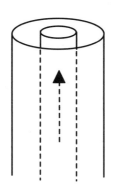

4.5　一個正在放電的平行板電容器，其板上的電荷量與時間的關係為：$Q(t) = Q_0 e^{-t/RC}$，其中 Q_0 為起始的電荷量，C 是電容器的電容，而 R 是接到電容器的放電迴路的電阻。試求兩電板間產生的位移電流。

4.6　一個電流產生了一個磁場 $\vec{B} = a\sin(by)e^{bx}\,\hat{z}$，試求該電流的密度。

4.7　一個磁場用圓柱坐標表示為 $\vec{B} = B_0(e^{-2r}\sin\phi)\hat{z}$，試求產生該磁場的電流密度。

4.8　什麼樣的電流密度，會產生如下的磁場？

$$\vec{B} = \left(\frac{a}{r} + \frac{b}{r}e^{-r} + ce^{-r}\right)\hat{\phi}$$

（$\vec{B}$ 是用圓柱坐標表示的。）

4.9 在本章中,你學到了一條長而直的電線產生的磁場為:

$$\vec{B} = \frac{\mu_0 I}{2\pi r} \hat{\phi}$$

而此磁場除了電線本身外,其他所有的地方,旋度都等於零。
試證明:如果場是以 $1/r^2$ 的方式,隨著距離而遞減,
則上述的特性不再是正確的。

4.10 為了要直接測量位移電流,研究人員用了一個隨時間變化的電
壓,去使一個圓形平行板電容器來充電和放電。試求位移電流
密度以及電場和時間的關係為何時,可以產生如下的磁場:

$$\vec{B} = \frac{r\omega\Delta V \cos\omega t}{2dc^2} \hat{\phi}$$

其中 r 是與電容器中心點的距離,ω 是外加電壓 ΔV 的角頻率,
d 是兩板之間的距離,而 c 是光速。

從馬克士威方程式
到波動方程式

From
Maxwell's
Equations
to
the Wave
Equation

馬克士威方程式包含了四個方程式，

每一個方程式各自都有很大的內涵，

在電磁場理論中都各有其重要的一面。

然而，馬克士威的成就，要比將這四個方程式收集在一起，

或者在安培定律中加進了位移電流這一項，超過了許多，

馬克士威最主要的貢獻是：

將這四個方程式結合起來，

而達到了他發展出一套完整的電磁理論的目標。

這個理論闡明了光本身的真正本性，

並且讓全世界的目光，注視到電磁輻射的全部波譜。

在這一章你將會學到：如何只用幾個步驟，就可以從馬克士威方程式直接導出波動方程式。要去做這幾個步驟，你需要先瞭解向量微積分中的兩個重要的定理：**散度定理和斯托克斯定理**。這兩個定理使得馬克士威方程式的積分形式，可以直截了當的轉換到微分形式：

☆ 電場的高斯定律：

$$\oint_S \vec{E} \cdot \hat{n}\, da = q_{\text{enc}}/\varepsilon_0 \quad \longrightarrow \quad \vec{\nabla} \cdot \vec{E} = \rho/\varepsilon_0$$

散度定理

☆ 磁場的高斯定律：

$$\oint_S \vec{B} \cdot \hat{n}\, da = 0 \quad \longrightarrow \quad \vec{\nabla} \cdot \vec{B} = 0$$

散度定理

☆ 法拉第定律：

$$\oint_C \vec{E} \cdot d\vec{l} = -\frac{d}{dt}\int_S \vec{B} \cdot \hat{n}\, da \quad \longrightarrow \quad \vec{\nabla} \times \vec{E} = -\frac{\partial \vec{B}}{\partial t}$$

斯托克斯
定理

☆ 安培－馬克士威定律：

$$\oint_C \vec{B} \cdot d\vec{l} = \mu_0\left(I_{\text{enc}} + \varepsilon_0 \frac{d}{dt}\int_S \vec{E} \cdot \hat{n}\, da\right) \quad \longrightarrow \quad \vec{\nabla} \times \vec{B} = \mu_0\left(\vec{J} + \varepsilon_0 \frac{\partial \vec{E}}{\partial t}\right)$$

斯托克斯
定理

　　在本章中，除了散度定理和斯托克斯定理外，你也可以找到對梯度算符的討論，以及一些有用的向量恆等式。還有，因為我們的目標是要抵達波動方程式，以下我們將電場與磁場的波動方程式的字體放大來看：

☆ 電場的波動方程式：

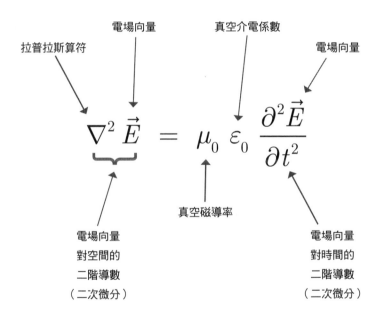

☆ **磁場的波動方程式：**

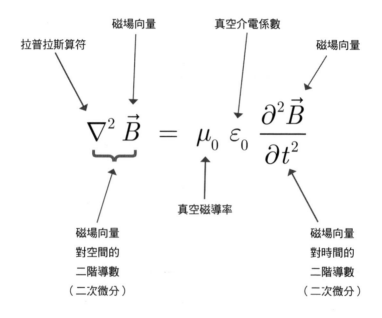

拉普拉斯算符
磁場向量
真空介電係數
磁場向量

$$\nabla^2 \vec{B} = \mu_0 \, \varepsilon_0 \, \frac{\partial^2 \vec{B}}{\partial t^2}$$

磁場向量
對空間的
二階導數
（二次微分）

真空磁導率

磁場向量
對時間的
二階導數
（二次微分）

$$\oint_S \vec{A} \cdot \hat{n}\, da = \int_V (\vec{\nabla} \cdot \vec{A})\, dV \qquad \textbf{散度定理}$$

散度定理是一個向量－微積分的關係式，它是說：一個向量場的通量會等於該場散度的體積分。

線積分、面積分、與體積分之間的關係，是由十八和十九世紀的幾位領先群倫的數學思想家，所探索發展出來的，他們包括義大利的拉格朗日、俄羅斯的奧斯特洛格拉德斯基、英國的格林、以及德國的高斯。你會發現在某些教科書中，會將散度定理叫做「高斯定理」（你可不要將它與高斯定律混淆）。

散度定理可以用以下的文字來敘述：

> 穿過一個封閉表面 S 的一個向量場的通量，
>
> 等於該向量場的散度的體積分，
>
> 積分的範圍包含了以 S 為邊界所包圍的體積。

這個定理可以應用到「平滑的」向量場，即：場是連續的、以及可連續微分。

要瞭解散度定理的物理基礎，可回憶一下，在任何一點的散度的定義是：穿過包圍該點的一個小表面的通量，除以小表面所包圍的體積，最後讓體積縮小並趨近於零。現在考慮穿過圖 5.1 所示體積 V 中的許多小立方體單胞的通量。

每一個單胞有六個面，但是對於內部的單胞（即沒有碰到 V 的表面者），它的每一個面都和相鄰的單胞共用（為了清楚起見，在次頁的圖 5.1 中只有標示出幾個而已）。對於每一個共用的面，一個單胞的正通量（往外）是相鄰單胞的負通量（往內），因為穿過該面的通量大小相等，但是符號相反。由於所有內部的單胞都與相鄰的

單胞共用表面，所以只有穿過「在體積 V 的邊界上的面」的通量，對穿過表面 S 的通量有貢獻。

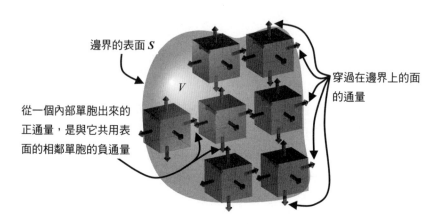

邊界的表面 S

V

穿過在邊界上的面的通量

從一個內部單胞出來的正通量，是與它共用表面的相鄰單胞的負通量

圖 5.1   表面 S 所包圍的體積 V 中的許多小立方體單胞

上面的說明告訴我們，把穿過體積 V 內所有單胞的表面的通量都加起來，只會剩下穿過邊界表面 S 的通量。再者，在單胞無窮小的極限下，散度的定義告訴你，在任何一點的向量場的散度，是從該點往外流的通量。所以，將每一個單胞的通量都加起來，就等於散度對整個體積的積分。因此，

$$\oint_S \vec{A} \cdot \hat{n} \, da \;=\; \int_V (\vec{\nabla} \cdot \vec{A}) \, dV \tag{5.1}$$

這就是散度定理，將一個向量場的散度對體積 V 做積分，會等於穿過表面 S 的通量。而這會如何有用呢？

首先，你可以將高斯定律從積分形式轉換成微分形式。在電場的情形，高斯定律的積分形式是：

$$\oint_S \vec{E} \cdot \hat{n} \, da \;=\; q_{\text{enc}} \big/ \varepsilon_0$$

因為被包圍的電荷是電荷密度 ρ 的體積分，所以：

$$\oint_S \vec{E} \cdot \hat{n} \, da \;=\; \frac{1}{\varepsilon_0} \int_V \rho \, dV$$

現在，把散度定理運用到上面高斯定律的左手邊：

$$\oint_S \vec{E} \cdot \hat{n} \, da \;=\; \int_V \vec{\nabla} \cdot \vec{E} \, dV \;=\; \frac{1}{\varepsilon_0} \int_V \rho \, dV \;=\; \int_V \frac{\rho}{\varepsilon_0} \, dV$$

由於這個等式對任何體積都成立，所以被積函數必須相等。因此，

$$\vec{\nabla} \cdot \vec{E} \;=\; \frac{\rho}{\varepsilon_0}$$

這就是電場的高斯定律的微分形式。同樣的方法，也可應用到磁場的高斯定律的積分形式，導出：

$$\vec{\nabla} \cdot \vec{B} \;=\; 0$$

就如你可預期的。

$$\oint_C \vec{A} \cdot d\vec{l} = \int_S (\vec{\nabla} \times \vec{A}) \cdot \hat{n}\, da$$ **斯托克斯定理**

　　散度定理建立了一個面積分與一個體積分之間的關係，而斯托克斯定理則建立了一個線積分與一個面積分之間的關係。

　　湯姆森（後來受封為克耳文爵士）在 1850 年時，曾在一封信上提到此關係式，後來是斯托克斯讓此式出名——他將此式的證明，做為劍橋大學的學生試題。

　　也許你會遇到斯托克斯定理的更一般性的說法，但是和馬克士威方程式有關的形式（有時叫做克耳文－斯托克斯定理），可以用以下的文字來描述：

> 一個向量場繞著一個封閉的路徑 C 的環流，
> 等於該場的旋度的垂直分量在一個表面 S 上的積分，
> 而該表面 S 是以 C 為邊界。

這個定理可以應用到「平滑的」向量場，即：場是連續的、以及可連續微分。

　　要瞭解斯托克斯定理的物理基礎，回憶一下，在任何一點的旋度的定義是，圍繞該點的一個小路徑的環流，除以「以該路徑為邊界的表面的面積」，並將面積縮小到趨近於零。

　　考慮圍繞著圖 5.2 所示的表面 S 的許多小正方形的環流。對於內部的正方形（沒有碰到表面 S 的邊界），每一邊都和一個相鄰的正方形共用。而每一個共用的邊，從一邊正方形得到的環流，和另一邊正方形的環流，大小相等、但是符號相反。只有在表面 S 的邊界路徑 C 上的邊緣，由於不和相鄰的正方形共用一邊，因此只有它們對繞著邊界路徑 C 的環流有貢獻。

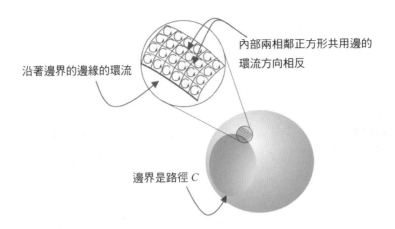

沿著邊界的邊緣的環流

內部兩相鄰正方形共用邊的
環流方向相反

邊界是路徑 C

圖 5.2　以路徑 C 為邊界的表面 S 中的許多小正方形

　　因此，將「圍繞著表面 S 的全部正方形的所有邊緣」的環流都加起來，會只剩下圍繞著邊界路徑 C 的環流。再者，將小正方形取無窮小的極限，旋度的定義告訴你，將每一個正方形的環流加起來，就等於向量場的旋度的垂直分量對表面 S 的積分。所以：

$$\oint_C \vec{A} \cdot d\vec{l} \;=\; \int_S (\vec{\nabla} \times \vec{A}) \cdot \hat{n} \, da \tag{5.2}$$

斯托克斯定理對線積分和旋度的作用，就如散度定理對面積分和散度的作用。在這個情形下，旋度的垂直分量對 S 的積分，就等於圍繞著 C 的環流。再者，就像散度定理，可以使高斯定律的積分形式轉換成微分形式，斯托克斯定理則可以應用到法拉第定律和安培－馬克士威定律的積分形式，將它們轉換成微分形式。

　　考慮法拉第定律的積分形式，它建立了電場圍繞著路徑 C 的環流，與穿過一個表面 S 的磁通量變化之間的關係，其中 S 是以 C 為邊界：

$$\oint_C \vec{E} \cdot d\vec{l} = -\frac{d}{dt} \int_S \vec{B} \cdot \hat{n} \, da$$

應用斯托克斯定理到上式左手邊的環流，得：

$$\oint_C \vec{E} \cdot d\vec{l} = \int_S (\vec{\nabla} \times \vec{E}) \cdot \hat{n} \, da$$

因此，法拉第定律變成：

$$\int_S (\vec{\nabla} \times \vec{E}) \cdot \hat{n} \, da = -\frac{d}{dt} \int_S \vec{B} \cdot \hat{n} \, da$$

對於平穩幾何，時間的微分可以移到積分內，因而此式變成：

$$\int_S (\vec{\nabla} \times \vec{E}) \cdot \hat{n} \, da = \int_S \left(-\frac{\partial \vec{B}}{\partial t} \cdot \hat{n} \right) da$$

其中，偏微分表示磁場可以隨空間與時間改變。因為這個等式對所有的表面都成立，被積分函數必須相等，因此：

$$\vec{\nabla} \times \vec{E} = -\frac{\partial \vec{B}}{\partial t}$$

這是法拉第定律的微分形式，它建立了在某一個點的電場的旋度，與在該點磁場的時間變化率之間的關係。

　　斯托克斯定理也可以用來求出安培－馬克士威定律的微分形式。回憶一下，積分形式是磁場圍繞著路徑 C 的環流，與「被該路徑包圍的電流」以及「穿過一個表面 S 的電通量的時間變化率」的關係式，其中 S 是以 C 為邊界：

$$\oint_C \vec{B} \cdot d\vec{l} \;=\; \mu_0 \left(I_{\text{enc}} + \varepsilon_0 \frac{d}{dt} \int_S \vec{E} \cdot \hat{n} \; da \right)$$

應用斯托克斯定理到上式的環流，得：

$$\oint_C \vec{B} \cdot d\vec{l} \;=\; \int_S (\vec{\nabla} \times \vec{B}) \cdot \hat{n} \; da$$

安培－馬克士威定律可以寫成：

$$\int_S (\vec{\nabla} \times \vec{B}) \cdot \hat{n} \; da \;=\; \mu_0 \left(I_{\text{enc}} + \varepsilon_0 \frac{d}{dt} \int_S \vec{E} \cdot \hat{n} \; da \right)$$

被包圍的電流，可以寫成電流密度垂直分量的積分：

$$I_{\text{enc}} \;=\; \int_S \vec{J} \cdot \hat{n} \; da$$

安培－馬克士威定律因此變成：

$$\int_S (\vec{\nabla} \times \vec{B}) \cdot \hat{n} \; da \;=\; \mu_0 \left(\int_S \vec{J} \cdot \hat{n} \; da + \int_S \varepsilon_0 \frac{\partial \vec{E}}{\partial t} \cdot \hat{n} \; da \right)$$

再一次，為了要使上式對所有表面都成立，被積分函數必須相等，
即：

$$\vec{\nabla} \times \vec{B} \;=\; \mu_0 \left(\vec{J} + \varepsilon_0 \frac{\partial \vec{E}}{\partial t} \right)$$

這是安培－馬克士威定律的微分形式，它建立了在某一點的磁場的
旋度，與在該點的電流密度及電場的時間變化率之間的關係。

$$\boxed{\vec{\nabla}\,()} \quad 梯度$$

　　為了要曉得如何由馬克士威方程式去導出波動方程式，我們必須要瞭解，在向量微積分中用到的第三個微分的運算，即梯度。與散度和旋度相同，梯度牽涉到了在三個垂直方向的偏微分。然而，散度是測量一個向量場流動離開某一點的**趨勢**，旋度則是顯示一個向量場圍繞著某一點的環流；而梯度則作用到**純量場**。不同於向量場，純量場是完全由它在各個不同位置的大小來決定：純量場的例子之一，是各地海拔的高度。

　　梯度告訴你關於一個純量場的哪些資訊呢？有兩件重要的事：
(1)　梯度的大小顯示出，該場在空間上變化有多快，
(2)　梯度的方向顯示出，該場隨著距離變化得最快的方向。

　　所以雖然梯度是作用於一個純量，梯度運算的結果則是一個向量，有大小也有方向。因此，如果純量場是海拔高度，則在某一點梯度的大小告訴你，在該點地面的坡度有多陡，而梯度的方向則指向最陡的上山斜坡。

　　純量場 ψ 的梯度，定義是：

$$\mathrm{grad}(\psi) \;=\; \vec{\nabla}\psi \;\equiv\; \hat{i}\,\frac{\partial \psi}{\partial x} \;+\; \hat{j}\,\frac{\partial \psi}{\partial y} \;+\; \hat{k}\,\frac{\partial \psi}{\partial z} \quad (\text{笛卡兒坐標}) \quad (5.3)$$

因此，ψ 的梯度的 x 分量顯示該純量場在 x 方向的斜率，y 分量顯示該純量場在 y 方向的斜率，而 z 分量則顯示該純量場在 z 方向的斜率。該三分量各自平方的和的平方根，提供了取梯度的那個位置的斜坡的總坡度。

在圓柱坐標和球坐標，梯度分別為：

$$\vec{\nabla}\psi \;\equiv\; \hat{r}\,\frac{\partial\psi}{\partial r} \;+\; \hat{\phi}\,\frac{1}{r}\frac{\partial\psi}{\partial\phi} \;+\; \hat{z}\,\frac{\partial\psi}{\partial z} \qquad\text{（圓柱坐標）}\quad (5.4)$$

以及

$$\vec{\nabla}\psi \;\equiv\; \hat{r}\,\frac{\partial\psi}{\partial r} \;+\; \hat{\theta}\,\frac{1}{r}\frac{\partial\psi}{\partial\theta} \;+\; \hat{\phi}\,\frac{1}{r\sin\theta}\frac{\partial\psi}{\partial\phi} \quad\text{（球坐標）}\quad (5.5)$$

$$\boxed{\vec{\nabla}, \ \vec{\nabla}\bullet, \ \vec{\nabla}\times}$$ 一些有用的恆等式

以下是關於 del 微分算符、以及它與馬克士威方程式有關的三個用法的快速複習：

☆ Del：

$$\vec{\nabla} \equiv \hat{i}\,\frac{\partial}{\partial x} \ + \ \hat{j}\,\frac{\partial}{\partial y} \ + \ \hat{k}\,\frac{\partial}{\partial z}$$

> Del（nabla）代表一個多用途的微分算符，
> 它可以作用於純量場或向量場，
> 其結果可以是純量或者是向量。

☆ 梯度：

$$\vec{\nabla}\psi \equiv \hat{i}\,\frac{\partial \psi}{\partial x} \ + \ \hat{j}\,\frac{\partial \psi}{\partial y} \ + \ \hat{k}\,\frac{\partial \psi}{\partial z}$$

> 梯度作用於一個純量場而產生一個向量，
> 它顯示該場在某一點隨空間的變化率，
> 以及從該點往外增加最陡的方向。

☆ 散度：

$$\vec{\nabla} \cdot \vec{A} \equiv \frac{\partial A_x}{\partial x} + \frac{\partial A_y}{\partial y} + \frac{\partial A_z}{\partial z}$$

> 散度作用於一個向量場而產生一個純量，
> 它顯示該場流動離開某一點的趨勢。

☆ 旋度：

$$\vec{\nabla} \times \vec{A} \equiv \left(\frac{\partial A_z}{\partial y} - \frac{\partial A_y}{\partial z} \right) \hat{i} + \left(\frac{\partial A_x}{\partial z} - \frac{\partial A_z}{\partial x} \right) \hat{j} + \left(\frac{\partial A_y}{\partial x} - \frac{\partial A_x}{\partial y} \right) \hat{k}$$

> 旋度作用於一個向量場而產生一個向量，
> 它顯示該場環繞著某一點的趨勢，
> 以及在該點有最大環流的軸的方向。

　　當你對上述的每一個算符的意義都很熟悉後，你應該要知道它們之間有一些有用的關係式（注意以下的這些關係式，只能應用到場本身是連續的，同時其微分也是連續的）。

　　任何純量場的梯度的旋度等於零：

$$\vec{\nabla} \times \vec{\nabla} \psi = 0 \tag{5.6}$$

你只要取適當的微分，就可以證明上式。

另外一個有用的關係式，牽涉到一個純量場的梯度的散度；這叫做該場的拉普拉斯算符：

$$\vec{\nabla} \cdot \vec{\nabla} \psi = \nabla^2 \psi = \frac{\partial^2 \psi}{\partial x^2} + \frac{\partial^2 \psi}{\partial y^2} + \frac{\partial^2 \psi}{\partial z^2} \quad (\text{笛卡兒坐標}) \qquad (5.7)$$

要看出這些關係式的有用之處，我們可以把它們應用到馬克士威方程式中的電場。例如，我們考慮到一個電場的旋度等於零的事實（因為電場線從一個正電荷發散出去，而在一個負電荷收斂回來，它們並不回到出發點，因此不形成環線）。方程式 (5.6) 顯示，因為 $\vec{E}$ 是一個無旋度的場（無旋場），我們可以將它看成是一個純量場的梯度，我們稱此場為純量勢 V：

$$\vec{E} = -\vec{\nabla} V \qquad (5.8)$$

其中的負號是需要的，因為梯度指向純量場有最大增加的方向，而習慣上，電場對一個正電荷的施力方向是往較低位勢的方向。

現在，應用電場的高斯定律的微分形式：

$$\vec{\nabla} \cdot \vec{E} = \frac{\rho}{\varepsilon_0}$$

將方程式 (5.8) 式代入上式，得：

$$\nabla^2 V = -\frac{\rho}{\varepsilon_0} \qquad (5.9)$$

這是**帕松方程式**，而這是當你無法找到一個特殊高斯面時，要去求一個靜電場的最好方法。在這種情形時，也許你可以解帕松方程式而求出電位勢 V，再取其梯度，而得到 $\vec{E}$。

$$\boxed{\nabla^2 \vec{A} = \frac{1}{v^2}\frac{\partial^2 \vec{A}}{\partial t^2}} \quad \textbf{波動方程式}$$

有了馬克士威方程式的微分形式以及幾個向量算符的恆等式，只需要幾個步驟就可以導出波動方程式了。首先，取法拉第定律的微分形式等號兩邊的旋度：

$$\vec{\nabla}\times(\vec{\nabla}\times\vec{E}) \;=\; \vec{\nabla}\times\left(-\frac{\partial\vec{B}}{\partial t}\right) \;=\; -\frac{\partial(\vec{\nabla}\times\vec{B})}{\partial t} \tag{5.10}$$

注意在最後的一項，我們交換了旋度和時間微分的次序；就像前面幾個章節，我們假設場是足夠的平滑，所以我們可以這樣做。

另外一個向量恆等式是說，任何向量場取兩次旋度，等於該場的散度的梯度減去拉普拉斯算符作用於該場：

$$\vec{\nabla}\times(\vec{\nabla}\times\vec{A}) \;=\; \vec{\nabla}(\vec{\nabla}\bullet\vec{A}) - \nabla^2\vec{A} \tag{5.11}$$

這個關係式運用了拉普拉斯算符的向量版本，它是由拉普拉斯算符作用於一個向量場的分量所構成的：

$$\nabla^2\vec{A} \;=\; \nabla^2 A_x\,\hat{i} + \nabla^2 A_y\,\hat{j} + \nabla^2 A_z\,\hat{k} \quad \text{（笛卡兒坐標）} \tag{5.12}$$

所以，

$$\vec{\nabla} \times (\vec{\nabla} \times \vec{E}) \;=\; \vec{\nabla}(\vec{\nabla} \cdot \vec{E}) - \nabla^2 \vec{E} \;=\; -\frac{\partial(\vec{\nabla} \times \vec{B})}{\partial t} \qquad (5.13)$$

然而，你從安培－馬克士威定律的微分形式，可以得到磁場的旋度，即：

$$\vec{\nabla} \times \vec{B} \;=\; \mu_0 \left(\vec{J} + \varepsilon_0 \frac{\partial \vec{E}}{\partial t} \right)$$

所以，

$$\vec{\nabla} \times (\vec{\nabla} \times \vec{E}) \;=\; \vec{\nabla}(\vec{\nabla} \cdot \vec{E}) - \nabla^2 \vec{E} \;=\; -\frac{\partial \left[\mu_0 \left(\vec{J} + \varepsilon_0(\partial \vec{E}/\partial t) \right) \right]}{\partial t}$$

$$=\; -\mu_0 \frac{\partial \vec{J}}{\partial t} - \mu_0 \varepsilon_0 \frac{\partial^2 \vec{E}}{\partial t^2}$$

這看起來有一點困難，但是利用電場的高斯定律，可以將它做一個簡化：

$$\vec{\nabla} \cdot \vec{E} \;=\; \frac{\rho}{\varepsilon_0}$$

代入上式，可得：

$$\vec{\nabla}(\vec{\nabla} \cdot \vec{E}) - \nabla^2 \vec{E} \;=\; \vec{\nabla}\left(\frac{\rho}{\varepsilon_0} \right) - \nabla^2 \vec{E} \;=\; -\mu_0 \frac{\partial \vec{J}}{\partial t} - \mu_0 \varepsilon_0 \frac{\partial^2 \vec{E}}{\partial t^2}$$

將含有電場的各項，放在方程式的左邊，得：

$$\nabla^2 \vec{E} \;-\; \mu_0 \varepsilon_0 \frac{\partial^2 \vec{E}}{\partial t^2} \;=\; \vec{\nabla}\left(\frac{\rho}{\varepsilon_0} \right) \;+\; \mu_0 \frac{\partial \vec{J}}{\partial t}$$

在沒有電荷和電流的區域，$\rho = 0$ 以及 $\vec{J} = 0$，因此：

$$\nabla^2 \vec{E} = \mu_0 \varepsilon_0 \frac{\partial^2 \vec{E}}{\partial t^2} \qquad (5.14)$$

這是一個線性的二階齊次偏微分方程式，它描述了一個電場從一個位置行進到另一個位置的數學規範，簡單的說，是一個傳播的波。

　　以下是一個快速的複習，幫助讀者更加瞭解波動方程式上述各個特性的意義：

線性：被時間及空間微分的波函數（在這裡是 $\vec{E}$ ），只出現一次項，而且沒有交叉的項。

二階：最高階的微分是二階微分。

齊次：所有的項只含有波函數或者是它的微分，所以沒有外力或者源頭的項存在。

偏：波函數是一個多變數（在這裡是時間和空間）的函數。

　　相同的分析可以運用到安培－馬克士威定律，首先取等號左右兩邊的旋度，最後可以得到：

$$\nabla^2 \vec{B} = \mu_0 \varepsilon_0 \frac{\partial^2 \vec{B}}{\partial t^2} \qquad (5.15)$$

這個方程式和電場的波動方程式，有完全一樣的形式。

　　這個形式的波動方程式不是只有告訴你，你有了一個波，它還提供了傳播的速度——它就在乘上時間微分項的常數，因為波動方程式的一般形式是：

$$\nabla^2 \vec{A} \;=\; \frac{1}{v^2}\frac{\partial^2 \vec{A}}{\partial t^2}\qquad(5.16)$$

其中 v 是波傳播的速率。因此對於電場和磁場：

$$\frac{1}{v^2} \;=\; \mu_0 \varepsilon_0$$

亦即：

$$v \;=\; \sqrt{\frac{1}{\mu_0 \varepsilon_0}}\qquad(5.17)$$

將真空的磁導率和介電係數代入上式，得：

$$v = \sqrt{\frac{1}{(4\pi \times 10^{-7}\ \mathrm{m\,kg/C^2})(8.8541878 \times 10^{-12}\ \mathrm{C^2\,s^2/kg\,m^3})}}$$

$$= \sqrt{8.987552 \times 10^{16}\ \mathrm{m^2/s^2}}$$

$$= 2.9979 \times 10^8\ \mathrm{m/s}$$

由於計算出來的傳播速率和測量到的光速相等，讓馬克士威寫出「光是一個電磁的擾動，並依據電磁定律，經由其場來傳播」。

附 錄

Appendix

附錄 A　在物質中的馬克士威方程式

　　第 1 章到第 4 章的馬克士威方程式的表示式，可以應用到物質中及真空中的電場與磁場。然而當你在處理物質內的場時，必須要記住下面幾點：

● 在電場的高斯定律積分形式中的被包圍電荷（以及微分形式中的電荷密度），包含了*所有的*電荷——包括束縛的及自由的。

● 在安培－馬克士威定律積分形式中的被包圍電流（以及微分形式中的體電流密度）包含了*所有的*電流——包括束縛的、極化的、以及自由的。

　　因為束縛的電荷可能不容易得知，所以在〈附錄 A〉中，你可以找到電場的高斯定律的微分及積分形式*只和自由電荷有關*的版本。同樣的，你也可以找到安培－馬克士威定律的微分及積分形式*只和自由電流有關*的版本。

　　關於磁場的高斯定律和法拉第定律，又如何呢？因為這兩個定律沒有直接牽涉到電荷或者電流，所以並不需要再去推導它們的更「適用於物質」的版本。

　　電場的高斯定律：當有外加電場時，在一個介電體內的正電荷與負電荷，可能會有些微的位移。當一個正電荷 Q 和負電荷 $-Q$ 相距有 s 的距離時，電「偶極矩」的定義為：

$$\vec{p} = Q\vec{s} \tag{A.1}$$

其中 $\vec{s}$ 是一個向量，它的方向是由負電荷指向正電荷，大小是兩個

電荷之間的距離。對於一個每單位體積內有 N 個分子的介電體，每單位體積的偶極矩是：

$$\vec{P} \;=\; N\,\vec{p} \tag{A.2}$$

這個量又叫做此物質的**電極化**。假如極化是均勻的，則束縛電荷只出現在物質的表面。但是如果在此物質中，極化隨著位置而改變，則在物質中會有電荷的累積，其體電荷密度為：

$$\rho_{\text{b}} \;=\; -\vec{\nabla}\cdot\vec{P} \tag{A.3}$$

其中 ρ_{b} 是束縛電荷（被電場移位的電荷，但是不能自由的在物質內移動）的**體密度**。

　　這和電場的高斯定律有何關係呢？回憶一下，高斯定律的微分形式，電場的散度是：

$$\vec{\nabla}\cdot\vec{E} \;=\; \frac{\rho}{\varepsilon_0}$$

其中 ρ 是電荷總密度。在物質內部，電荷總密度包含自由電荷密度以及束縛電荷密度：

$$\rho \;=\; \rho_{\text{f}} + \rho_{\text{b}} \tag{A.4}$$

其中 ρ 是電荷總密度，ρ_{f} 是自由電荷密度，而 ρ_{b} 是束縛電荷密度。因此，高斯定律可以寫成：

$$\vec{\nabla}\cdot\vec{E} \;=\; \frac{\rho}{\varepsilon_0} \;=\; \frac{\rho_{\text{f}}+\rho_{\text{b}}}{\varepsilon_0} \tag{A.5}$$

將這整個式子乘以真空介電係數,並用負的極化的散度(方程式 A.3)取代束縛電荷,得:

$$\vec{\nabla} \bullet \varepsilon_0 \vec{E} \ = \ \rho_f + \rho_b \ = \ \rho_f - \vec{\nabla} \bullet \vec{P} \tag{A.6}$$

即

$$\vec{\nabla} \bullet \varepsilon_0 \vec{E} \ + \ \vec{\nabla} \bullet \vec{P} \ = \ \rho_f \tag{A.7}$$

將「散度算符的項」集合在一起,得:

$$\vec{\nabla} \bullet \left(\varepsilon_0 \vec{E} + \vec{P} \right) \ = \ \rho_f \tag{A.8}$$

在這個形式的高斯定律中,括弧內的項通常寫成一個叫做位移的向量,它的定義是:

$$\vec{D} \ = \ \varepsilon_0 \vec{E} + \vec{P} \tag{A.9}$$

將上面的表示式,代入方程式 (A.8),得:

$$\vec{\nabla} \bullet \vec{D} \ = \ \rho_f \tag{A.10}$$

這是高斯定律的微分形式只與自由電荷密度有關的版本。

利用散度定理,可以得到電場的高斯定律的積分形式,它是用「位移的通量」以及「被包圍的自由電荷」表示出來:

$$\oint_S \vec{D} \cdot \hat{n} \, da \; = \; q_{\text{free, enc}} \tag{A.11}$$

位移 $\vec{D}$ 在物理上有什麼重要性呢？在真空中，位移是一個與電場成正比的向量場，與 $\vec{E}$ 有相同的方向，而其大小則是電場乘以真空介電係數。但是在極化的物質內，位移場可能和電場有很大的差別。例如，你必須注意位移不一定是無旋場，假如極化有旋度，則位移也會有旋度，這可以從取方程式 (A.9) 等號兩邊的旋度得知。

位移 $\vec{D}$ 的有用之處是在當自由電荷為已知，而從對稱的考慮，讓你可以從方程式 (A.11) 的積分中，將位移抽出來。在這些情況下，也許你能夠在線性介電材料中求出電場，其步驟是利用自由電荷以求得 $\vec{D}$，再除以該介質的介電係數，即得 $\vec{E}$。

〔譯者提示：線性介電材料是指：$\vec{D}$ 與 $\vec{E}$ 的關係為線性的，即 $\vec{D} = \varepsilon \vec{E}$，其中 ε 是和 $\vec{E}$ 無關的常數，叫做（該介電材料的）介電係數。如同第 1 章「真空介電係數」那一節所述。〕

安培－馬克士威定律：就像在介電體中有外加電場時，在該介電體中會有感應的極化（每單位體積的電偶極矩），在磁性材料中有外加磁場時，會感應有磁化（每單位體積的磁偶極矩）。而就像在介電體中，束縛電荷是電場的另外一個來源，束縛電流也可能是磁場的另外來源。在這種情形，束縛電流密度等於磁化的旋度：

$$\vec{J}_{\text{b}} \; = \; \vec{\nabla} \times \vec{M} \tag{A.12}$$

其中 $\vec{J}_{\text{b}}$ 是束縛電流密度，而 $\vec{M}$ 是該物質的磁化。

在物質中，電流密度的來源還有極化的時間變化率，因為電荷的任何運動就是電流。極化電流密度的公式是：

$$\vec{J}_P \;=\; \frac{\partial \vec{P}}{\partial t} \tag{A.13}$$

總電流密度不是只有自由電流密度，它還包含了束縛電流密度以及極化電流密度：

$$\vec{J} \;=\; \vec{J}_{\mathrm{f}} + \vec{J}_{\mathrm{b}} + \vec{J}_P \tag{A.14}$$

因此，安培－馬克士威定律的微分形式可以寫成：

$$\vec{\nabla} \times \vec{B} \;=\; \mu_0 \left(\vec{J}_{\mathrm{f}} + \vec{J}_{\mathrm{b}} + \vec{J}_P + \varepsilon_0 \frac{\partial \vec{E}}{\partial t} \right) \tag{A.15}$$

將束縛電流密度的表示式（方程式 A.12）和極化電流密度的表示式（方程式 A.13）代入上式，並除以真空介電係數：

$$\frac{1}{\mu_0} \vec{\nabla} \times \vec{B} \;=\; \vec{J}_{\mathrm{f}} + \vec{\nabla} \times \vec{M} + \frac{\partial \vec{P}}{\partial t} + \varepsilon_0 \frac{\partial \vec{E}}{\partial t} \tag{A.16}$$

將「旋度的項」和「對時間微分的項」分別集合，得：

$$\vec{\nabla} \times \frac{\vec{B}}{\mu_0} - \vec{\nabla} \times \vec{M} \;=\; \vec{J}_{\mathrm{f}} + \frac{\partial \vec{P}}{\partial t} + \frac{\partial (\varepsilon_0 \vec{E})}{\partial t} \tag{A.17}$$

將旋度的項集合在一個旋度算符內，也將時間微分集合在一起，上式變成：

$$\vec{\nabla} \times \left(\frac{\vec{B}}{\mu_0} - \vec{M} \right) = \vec{J}_{\mathrm{f}} + \frac{\partial(\varepsilon_0 \vec{E} + \vec{P})}{\partial t} \tag{A.18}$$

在這個形式的安培－馬克士威定律中，等號左邊的括弧內的項是一個向量，有時候稱為「磁場強度」[9]，其定義是 [10]：

$$\vec{H} = \frac{\vec{B}}{\mu_0} - \vec{M} \tag{A.19}$$

因此，安培－馬克士威定律的微分形式，可以用 $\vec{H}$、$\vec{D}$ 以及自由電流密度來表示成：

$$\vec{\nabla} \times \vec{H} = \vec{J}_{\mathrm{free}} + \frac{\partial \vec{D}}{\partial t} \tag{A.20}$$

[9] 譯注：在英文，$\vec{H}$ 有兩個名稱 magnetic field intensity 或 magnetic field strength，但是兩者中文的翻譯一樣，都是「磁場強度」。

[10] 譯注：在 CGS 單位制中，$\vec{H}$ 的定義是 $\vec{H} = \vec{B} - 4\pi\vec{M}$，而位移 $\vec{D}$ 的定義是 $\vec{D} = \vec{E} - 4\pi\vec{P}$ [參看方程式 (A.9)]。所以用這種單位制時，在真空中 $\vec{H} = \vec{B}$ 以及 $\vec{D} = \vec{E}$，即 $\vec{H}$ 和 $\vec{B}$ 沒有分別，所以有些作者會混著用。但是這種混用在 SI 單位制中是不可以的，因為在此制中，$\vec{H} = \vec{B}/\mu_0$（另外 $\vec{D} = \varepsilon_0 \vec{E}$），$\vec{H}$ 和 $\vec{B}$ 顯然是不一樣的量，不能混用。另外，馬克士威的四個方程式（積分或微分形式）在兩個單位制中，也有稍許不同。由於在許多物理書籍和文獻中，CGS 是常用的電磁單位制，所以也許有些讀者也希望能熟悉一下 CGS 單位制中的公式及方程式，這可參看〈附錄 D 參考書籍〉中的 Purcell 或者 Jackson 的書。

利用斯托克斯定理，可以得到安培－馬克士威定律的積分形式如下）：

$$\oint_C \vec{H} \cdot d\vec{l} = I_{\text{free, enc}} + \frac{d}{dt} \oint_S \vec{D} \cdot \hat{n} \, da \qquad \text{(A.21)}$$

磁場強度 $\vec{H}$ 在物理上有什麼重要性呢？在真空中，磁場強度是一個向量場，它與磁場 $\vec{B}$ 成正比——與 $\vec{B}$ 同一個方向，大小則相差了一個真空磁導率的倍數。但是就像在介電體中，$\vec{D}$ 和 $\vec{E}$ 可能不同，在磁性材料中，$\vec{H}$ 和 $\vec{B}$ 也可能有很大的不同。例如，磁場強度 $\vec{H}$ 並不一定是一個無散場，假如磁化有散度，它也會有，這可以從取方程式 (A.19) 等號兩邊的散度得知。

就像電位移的情況，$\vec{H}$ 的有用之處是在：當自由電流為已知，而從對稱的考慮，讓你可以從方程式 (A.21) 的積分中，將磁場強度 $\vec{H}$ 抽出來。在這些情況下，也許你能夠在線性磁性材料中，求出磁場 $\vec{B}$ 來，其步驟是利用自由電流以求得 $\vec{H}$，再乘以該介質的磁導率，即得 $\vec{B}$。

〔譯者提示：就像電的情況一樣，線性磁性材料是指 $\vec{H}$ 和 $\vec{B}$ 的關係為線性的，即 $\vec{B} = \mu \vec{H}$，其中 μ 是和 $\vec{H}$ 無關的常數，叫做（該介質的）磁導率。如同第 4 章「真空磁導率」那一節所述。〕

右頁的公式，是在物質中，所有的馬克士威方程式的積分和微分形式的總結：

電場的高斯定律：

$$\oint_S \vec{D} \cdot \hat{n}\, da = q_{\text{free, enc}} \qquad （積分形式）$$

$$\vec{\nabla} \cdot \vec{D} = \rho_{\text{free}} \qquad （微分形式）$$

磁場的高斯定律：

$$\oint_S \vec{B} \cdot \hat{n}\, da = 0 \qquad （積分形式）$$

$$\vec{\nabla} \cdot \vec{B} = 0 \qquad （微分形式）$$

法拉第定律：

$$\oint_C \vec{E} \cdot d\vec{l} = -\frac{d}{dt} \int_S \vec{B} \cdot \hat{n}\, da \qquad （積分形式）$$

$$\vec{\nabla} \times \vec{E} = -\frac{\partial \vec{B}}{\partial t} \qquad （微分形式）$$

安培－馬克士威定律：

$$\oint_C \vec{H} \cdot d\vec{l} = I_{\text{free, enc}} + \frac{d}{dt} \oint_S \vec{D} \cdot \hat{n}\, da \qquad （積分形式）$$

$$\vec{\nabla} \times \vec{H} = \vec{J}_{\text{free}} + \frac{\partial \vec{D}}{\partial t} \qquad （微分形式）$$

附錄 B　坐標系複習

對坐標系有良好的瞭解，在解和馬克士威方程式有關的問題時，可以有很大的幫助。最常用的三個坐標系是**直角坐標**[11]（x, y, z）、**圓柱坐標**（r, ϕ, z）、**球坐標**（r, θ, ϕ）。

在直角坐標、圓柱坐標、球坐標的單位向量

在直角坐標上的一個點 P，是由 x、y 和 z 三個量來指定它的位置，其中這三個量的值都是指它們與原點的距離（參看下面的圖）。

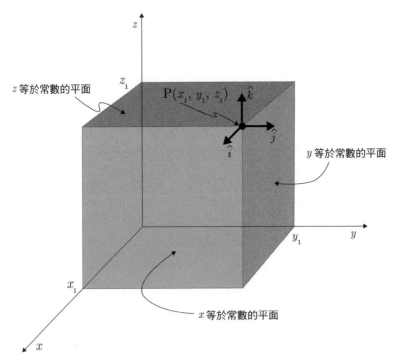

---

[11] 譯注：在原書中，直角坐標稱為笛卡兒坐標。

　　在 P 點的向量，是由三個互相垂直的分量來具體表示出來，三個分量的單位向量分別是 $\hat{i}$、$\hat{j}$、$\hat{k}$（也叫做 $\hat{x}$、$\hat{y}$、$\hat{z}$）。這三個單位向量 $\hat{i}$、$\hat{j}$、$\hat{k}$ 構成一個右手組合，也就是說，你如果用右手的四根指頭，由 $\hat{i}$ 推向 $\hat{j}$，則右手拇指將指向 $\hat{k}$ 的方向。

　　在圓柱坐標上的一個點 P，是由 r、ϕ、z 三個量來指定它的位置，其中 ϕ 是從 x 軸（或者 xz 平面）量起，請參看下方的圖。

　　在 P 點的向量，是由三個互相垂直的分量來具體表示出來，三個分量的單位向量分別是 $\hat{r}$、$\hat{\phi}$、$\hat{z}$，其中 $\hat{r}$ 垂直於半徑為 r 的圓柱面，$\hat{\phi}$ 垂直於通過 z 軸而角度為 ϕ 的平面，而 $\hat{z}$ 垂直於與原點的距離為 z 的 xy 平面。這三個單位向量 $\hat{r}$、$\hat{\phi}$、$\hat{z}$ 構成一個右手組合。

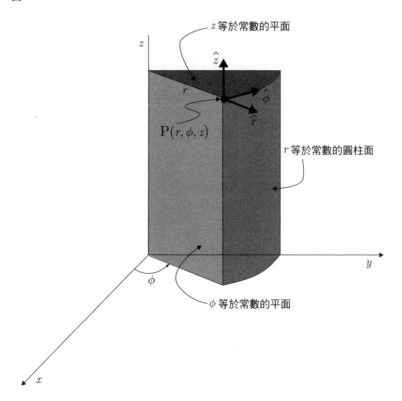

在球坐標上的一個點 P，是由 r、θ、ϕ 三個量來指定其位置，其中 r 是從原點量起，θ 是從 z 軸量起，而 ϕ 是從 x 軸（或者 xz 平面）量起，請參看下方的圖。取 z 軸向上，θ 有時稱為**天頂角**，而 ϕ 稱為**方位角**。

在 P 點的向量，是由三個互相垂直的分量來具體表示出來，三個分量的單位向量分別是 $\hat{r}$、$\hat{\theta}$、$\hat{\phi}$，其中 $\hat{r}$ 垂直於半徑為 r 的球面，$\hat{\theta}$ 垂直於角度為 θ 的錐體，而 $\hat{\phi}$ 垂直於通過 z 軸而角度為 ϕ 的平面。這三個單位向量 $\hat{r}$、$\hat{\theta}$、$\hat{\phi}$ 構成一個右手組合。

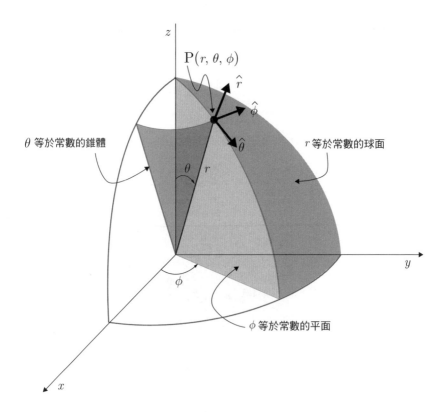

無限小的長度和體積

在直角坐標中，無限小的長度的表示式為：

$$dL = \sqrt{dx^2 + dy^2 + dz^2} \tag{1}$$

而無限小的體積為：

$$dv = dx\, dy\, dz \tag{2}$$

在圓柱坐標中，相對應的量為：

$$dL = \sqrt{dr^2 + r^2 d\phi^2 + dz^2} \tag{3}$$

以及

$$dv = dr\, r\, d\phi\, dz \tag{4}$$

在球坐標中，相對應的量則為：

$$dL = \sqrt{dr^2 + r^2 d\theta^2 + r^2 \sin^2\theta\; d\phi^2} \tag{5}$$

以及

$$dv = dr\, r\, d\theta\; r\, \sin\theta\, d\phi \tag{6}$$

方向餘弦、以及坐標系的轉換

　　如下圖所示，純量距離 r 在 x 軸上的投影 x，等於 $r \cos \alpha$，其中，α 是 r 和 x 軸之間的夾角。而 r 在 y 軸上的投影，是 $r \cos \beta$。r 在 z 軸上的投影，則是 $r \cos \gamma$。需要注意的是 $\gamma = \theta$，所以 $\cos \gamma = \cos \theta$。

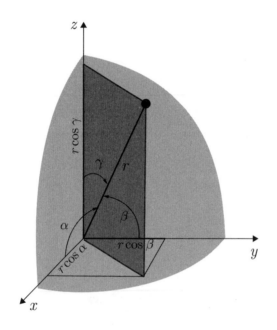

上述的 $\cos \alpha$、$\cos \beta$ 和 $\cos \gamma$ 三個量，叫做**方向餘弦**。

由畢氏定理：

$$\cos^2 \alpha + \cos^2 \beta + \cos^2 \gamma = 1 \tag{7}$$

由球坐標系的純量距離 r 轉換成直角坐標的距離的公式是：

$$x \ = \ r\cos\alpha \ = \ r\sin\theta\cos\phi \tag{8}$$

$$y \ = \ r\cos\beta \ = \ r\sin\theta\sin\phi \tag{9}$$

$$z \ = \ r\cos\gamma \ = \ r\cos\theta \tag{10}$$

由此可得：

$$\cos\alpha \ = \ \sin\theta\cos\phi \tag{11}$$

$$\cos\beta \ = \ \sin\theta\sin\phi \qquad\text{方向餘弦} \tag{12}$$

$$\cos\gamma \ = \ \cos\theta \tag{13}$$

方程式 (8) (9) (10) 的倒轉，可將球坐標的坐標值（r, θ, ϕ）用直角坐標的距離表示出來，其公式如下：

$$r \ = \ \sqrt{x^2 + y^2 + z^2} \qquad\qquad r \geq 0 \tag{14}$$

$$\theta \ = \ \cos^{-1}\frac{z}{\sqrt{x^2 + y^2 + z^2}} \qquad (0 \leq \theta \leq \pi) \tag{15}$$

$$\phi \ = \ \tan^{-1}\frac{y}{x} \tag{16}$$

從這些坐標轉換公式，即「球坐標轉換成直角坐標」、以及「直角坐標轉換成球坐標」，我們可以將一個在 P 點的向量 $\vec{A}$，由原先的以球坐標表示其分量 A_r, A_θ, A_ϕ，轉換成用直角坐標來表示其分量 A_x, A_y, A_z，轉換公式為：

$$A_x \ = \ A_r\sin\theta\cos\phi \ + \ A_\theta\cos\theta\cos\phi \ - \ A_\phi\sin\phi \tag{17}$$

$$A_y \ = \ A_r\sin\theta\sin\phi \ + \ A_\theta\cos\theta\sin\phi \ + \ A_\phi\cos\phi \tag{18}$$

$$A_z \ = \ A_r\cos\theta \ - \ A_\theta\sin\theta \tag{19}$$

提醒一下，方向餘弦實際上只是球坐標的單位向量 $\hat{r}$ 與直角坐標的單位向量 $\hat{x}$、$\hat{y}$、$\hat{z}$ 之間的點積而已：

$$\hat{r} \cdot \hat{x} = \sin\theta \cos\phi = \cos\alpha \tag{20}$$

$$\hat{r} \cdot \hat{y} = \sin\theta \sin\phi = \cos\beta \tag{21}$$

$$\hat{r} \cdot \hat{z} = \cos\theta = \cos\gamma \tag{22}$$

我們將上面的這些結果，以及其他點積的組合，列在下面幾個表中：

直角坐標		$\hat{x}$	$\hat{y}$	$\hat{z}$
直角坐標	$\hat{x}$	1	0	0
	$\hat{y}$	0	1	0
	$\hat{z}$	0	0	1
圓柱坐標	$\hat{r}$	$\cos\phi$	$\sin\phi$	0
	$\hat{\phi}$	$-\sin\phi$	$\cos\phi$	0
	$\hat{z}$	0	0	1
球坐標	$\hat{r}$	$\sin\theta\cos\phi$	$\sin\theta\sin\phi$	$\cos\theta$
	$\hat{\theta}$	$\cos\theta\cos\phi$	$\cos\theta\sin\phi$	$-\sin\theta$
	$\hat{\phi}$	$-\sin\phi$	$\cos\phi$	0

圓柱坐標				
	·	$\hat{r}$	$\hat{\phi}$	$\hat{z}$
直角坐標	$\hat{x}$	$\cos\phi$	$-\sin\phi$	0
	$\hat{y}$	$\sin\phi$	$\cos\phi$	0
	$\hat{z}$	0	0	1
圓柱坐標	$\hat{r}$	1	0	0
	$\hat{\phi}$	0	1	0
	$\hat{z}$	0	0	1
球坐標	$\hat{r}$	$\sin\theta$	0	$\cos\theta$
	$\hat{\theta}$	$\cos\theta$	0	$-\sin\theta$
	$\hat{\phi}$	0	1	0

球坐標				
	·	$\hat{r}$	$\hat{\theta}$	$\hat{\phi}$
直角坐標	$\hat{x}$	$\sin\theta\cos\phi$	$\cos\theta\cos\phi$	$-\sin\phi$
	$\hat{y}$	$\sin\theta\sin\phi$	$\cos\theta\sin\phi$	$\cos\phi$
	$\hat{z}$	$\cos\theta$	$-\sin\theta$	0
圓柱坐標	$\hat{r}$	$\sin\theta$	$\cos\theta$	0
	$\hat{\phi}$	0	0	1
	$\hat{z}$	$\cos\theta$	$-\sin\theta$	0
球坐標	$\hat{r}$	1	0	0
	$\hat{\theta}$	0	1	0
	$\hat{\phi}$	0	0	1

　　必須注意的是，在圓柱坐標和球坐標中的單位向量 $\hat{r}$ 並不相同。例如，

　　　　球坐標　　　　　　　　　　**圓柱坐標**

$$\hat{r}\cdot\hat{x} \;=\; \sin\theta\cos\phi \qquad\qquad \hat{r}\cdot\hat{x} \;=\; \cos\phi$$

$$\hat{r}\cdot\hat{y} \;=\; \sin\theta\sin\phi \qquad\qquad \hat{r}\cdot\hat{y} \;=\; \sin\phi$$

$$\hat{r}\cdot\hat{z} \;=\; \cos\theta \qquad\qquad\qquad \hat{r}\cdot\hat{z} \;=\; 0$$

　　除了直角坐標、圓柱坐標以及球坐標之外，還有許多坐標系，例如，橢圓（elliptical）坐標、拋物面（paraboloidal）坐標、球體（spheroidal) 坐標——含長球面（prolate）和扁球面（oblate）兩種。雖然，可能的坐標系數目是無窮多個，所有這些坐標系都可以利用一般性的曲線坐標系來處理。

　　我們將直角坐標、圓柱坐標以及球坐標等坐標系的基本參數，列在下表中：

坐標系	坐標	範圍	單位向量	長度元素	坐標面
直角坐標	x	$-\infty$ 到 $+\infty$	$\hat{x}$ 或 $\hat{i}$	dx	平面 x 為常數
	y	$-\infty$ 到 $+\infty$	$\hat{y}$ 或 $\hat{j}$	dy	平面 y 為常數
	z	$-\infty$ 到 $+\infty$	$\hat{z}$ 或 $\hat{k}$	dz	平面 z 為常數
圓柱坐標	r	0 到 ∞	$\hat{r}$	dr	柱面 r 為常數
	ϕ	0 到 2π	$\hat{\phi}$	$r\,d\phi$	平面 ϕ 為常數
	z	$-\infty$ 到 $+\infty$	$\hat{z}$	dz	平面 z 為常數
球坐標	r	0 到 ∞	$\hat{r}$	dr	柱面 r 為常數
	θ	0 到 π	$\hat{\theta}$	$r\,d\theta$	錐面 θ 為常數
	ϕ	0 到 2π	$\hat{\phi}$	$r\sin\theta\,d\phi$	平面 ϕ 為常數

下面這張表，列出「直角坐標的單位向量」與「圓柱坐標的單位向量」的點積，而且是以直角坐標的坐標表示出來：

$\cdot$	$\hat{x}$	$\hat{y}$	$\hat{z}$
$\hat{r}$	$\dfrac{x}{\sqrt{x^2+y^2}}$	$\dfrac{y}{\sqrt{x^2+y^2}}$	0
$\hat{\phi}$	$\dfrac{-y}{\sqrt{x^2+y^2}}$	$\dfrac{x}{\sqrt{x^2+y^2}}$	0
$\hat{z}$	0	0	1

例如：$\hat{\phi}\bullet\hat{y} \;=\; \cos\phi \;=\; \dfrac{x}{\sqrt{x^2+y^2}}$

下面這張表，列出「直角坐標的單位向量」與「球坐標的單位向量」的點積，而且是以直角坐標的坐標表示出來：

$\cdot$	$\hat{x}$	$\hat{y}$	$\hat{z}$
$\hat{r}$	$\dfrac{x}{\sqrt{x^2+y^2+z^2}}$	$\dfrac{y}{\sqrt{x^2+y^2+z^2}}$	$\dfrac{z}{\sqrt{x^2+y^2+z^2}}$
$\hat{\theta}$	$\dfrac{xz}{\sqrt{x^2+y^2}\sqrt{x^2+y^2+z^2}}$	$\dfrac{yz}{\sqrt{x^2+y^2}\sqrt{x^2+y^2+z^2}}$	$-\dfrac{\sqrt{x^2+y^2}}{\sqrt{x^2+y^2+z^2}}$
$\hat{\phi}$	$-\dfrac{y}{\sqrt{x^2+y^2}}$	$\dfrac{x}{\sqrt{x^2+y^2}}$	0

例如：$\hat{x}\bullet\hat{r} \;=\; \sin\theta\cos\phi \;=\; \dfrac{x}{\sqrt{x^2+y^2+z^2}}$

以下是向量分量在不同坐標系的轉換：

直角坐標轉成圓柱坐標

$$A_r = A_x \frac{x}{\sqrt{x^2 + y^2}} + A_y \frac{x}{\sqrt{x^2 + y^2}}$$

$$A_\phi = -A_x \frac{y}{\sqrt{x^2 + y^2}} + A_y \frac{x}{\sqrt{x^2 + y^2}}$$

$$A_z = A_z$$

圓柱坐標轉成直角坐標

$$A_x = A_r \cos\phi - A_\phi \sin\phi$$

$$A_y = A_r \sin\phi - A_\phi \cos\phi$$

$$A_z = A_z$$

直角坐標轉成球坐標

$$A_r = A_x \frac{x}{\sqrt{x^2 + y^2 + z^2}} + A_y \frac{y}{\sqrt{x^2 + y^2 + z^2}} + A_z \frac{z}{\sqrt{x^2 + y^2 + z^2}}$$

$$A_\theta = A_x \frac{xz}{\sqrt{x^2 + y^2}\sqrt{x^2 + y^2 + z^2}} + A_y \frac{yz}{\sqrt{x^2 + y^2}\sqrt{x^2 + y^2 + z^2}}$$
$$- A_z \frac{\sqrt{x^2 + y^2}}{\sqrt{x^2 + y^2 + z^2}}$$

$$A_\phi = -A_x \frac{y}{\sqrt{x^2 + y^2}} + A_y \frac{x}{\sqrt{x^2 + y^2}}$$

球坐標轉成直角坐標

$$A_x = A_r \sin\theta\cos\phi + A_\theta \cos\theta\cos\phi - A_\phi \sin\phi$$

$$A_y = A_r \sin\theta\sin\phi + A_\theta \cos\theta\sin\phi + A_\phi \cos\phi$$

$$A_z = A_r \cos\theta - A_\theta \sin\theta$$

以下是梯度、散度和旋度在以上三個坐標系中的表示式：

直角坐標

$$\nabla f = \hat{x}\frac{\partial f}{\partial x} + \hat{y}\frac{\partial f}{\partial y} + \hat{z}\frac{\partial f}{\partial z}$$

$$\nabla \cdot \vec{A} = \frac{\partial A_x}{\partial x} + \frac{\partial A_y}{\partial y} + \frac{\partial A_z}{\partial z}$$

$$\nabla \times \vec{A} = \hat{x}\left(\frac{\partial A_z}{\partial y} - \frac{\partial A_y}{\partial z}\right) + \hat{y}\left(\frac{\partial A_x}{\partial z} - \frac{\partial A_z}{\partial x}\right) + \hat{z}\left(\frac{\partial A_y}{\partial x} - \frac{\partial A_x}{\partial y}\right)$$

$$= \begin{vmatrix} \hat{x} & \hat{y} & \hat{z} \\ \dfrac{\partial}{\partial x} & \dfrac{\partial}{\partial y} & \dfrac{\partial}{\partial z} \\ A_x & A_y & A_z \end{vmatrix}$$

圓柱坐標

$$\nabla f = \hat{r}\frac{\partial f}{\partial r} + \hat{\phi}\frac{1}{r}\frac{\partial f}{\partial \phi} + \hat{z}\frac{\partial f}{\partial z}$$

$$\nabla \cdot \vec{A} = \frac{1}{r}\frac{\partial}{\partial r}rA_r + \frac{1}{r}\frac{\partial A_\phi}{\partial \phi} + \frac{\partial A_z}{\partial z}$$

$$\nabla \times \vec{A} = \hat{r}\left(\frac{1}{r}\frac{\partial A_z}{\partial \phi} - \frac{\partial A_\phi}{\partial z}\right) + \hat{\phi}\left(\frac{\partial A_r}{\partial z} - \frac{\partial A_z}{\partial r}\right) + \hat{z}\frac{1}{r}\left(\frac{\partial}{\partial r}rA_\phi - \frac{\partial A_r}{\partial \phi}\right)$$

$$= \begin{vmatrix} \hat{r}\dfrac{1}{r} & \hat{\phi} & \hat{z}\dfrac{1}{r} \\ \dfrac{\partial}{\partial r} & \dfrac{\partial}{\partial \phi} & \dfrac{\partial}{\partial z} \\ A_r & rA_\phi & A_z \end{vmatrix}$$

球坐標

$$\nabla f = \hat{r}\frac{\partial f}{\partial r} + \hat{\theta}\frac{1}{r}\frac{\partial f}{\partial \theta} + \hat{\phi}\frac{1}{r\sin\theta}\frac{\partial f}{\partial \phi}$$

$$\nabla \cdot \vec{A} = \frac{1}{r^2}\frac{\partial}{\partial r}r^2A_r + \frac{1}{r\sin\theta}\frac{\partial}{\partial \theta}(A_\theta \sin\theta) + \frac{1}{r\sin\theta}\frac{\partial A_\phi}{\partial \phi}$$

$$\nabla \times \vec{A} = \hat{r}\frac{1}{r\sin\theta}\left(\frac{\partial}{\partial \theta}(A_\phi \sin\theta) - \frac{\partial A_\theta}{\partial \phi}\right) + \hat{\theta}\frac{1}{r}\left(\frac{1}{\sin\theta}\frac{\partial A_r}{\partial \phi} - \frac{\partial}{\partial r}rA_\phi\right)$$

$$+ \hat{\phi}\frac{1}{r}\left(\frac{\partial}{\partial r}rA_\theta - \frac{\partial A_r}{\partial \theta}\right)$$

附錄 C　習題解答

1.1　有一個球面包圍住 15 個質子和 10 個電子，求穿過該球面的電通量。你的答案和球面的大小有關嗎？

解答　電場的高斯定律規範了「穿過一個封閉表面的電通量」和「被包圍在該表面內的電荷」之間的關係：

$$\Phi_E = \oint_S \vec{E} \cdot \hat{n}\, da = q_{enc} \Big/ \varepsilon_0$$

在本題的情形，被包圍的電荷就是在 15 個質子和 10 個電子上的電荷量。因為每一個質子的電荷量為 1.6×10^{-19} C，而每一電子的電荷量為 -1.6×10^{-19} C，因此：

$$
\begin{aligned}
q_{enc} &= \sum_i q_i = 15\left(1.6 \times 10^{-19}\ \text{C}\right) + 10\left(-1.6 \times 10^{-19}\ \text{C}\right) \\
&= \left(2.4 \times 10^{-18} - 1.6 \times 10^{-18}\right)\text{C} \\
&= 8 \times 10^{-19}\ \text{C}
\end{aligned}
$$

所以，

$$
\begin{aligned}
\Phi_E &= q_{enc} \Big/ \varepsilon_0 = \frac{8 \times 10^{-19}\ \text{C}}{8.85 \times 10^{-12}\ \text{C} \big/ \text{Vm}} \\
&= 9.04 \times 10^{-8}\ \text{Vm}
\end{aligned}
$$

答案和球面大小無關。

1.2　一個每邊長為 L 的立方體，其中含有一個帶電的平面盤子，它的面電荷密度不是常數，而是 $\sigma = -3xy$。假如盤子的範圍是從 $x = 0$ 延伸到 $x = L$，以及從 $y = 0$ 延伸到 $y = L$，求穿過此立方體各個牆壁的總電通量為多少？

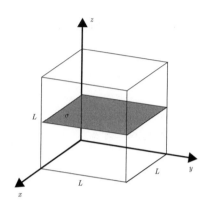

解答　電場的高斯定律告訴你，穿過任何封閉表面的電通量和被包圍在該表面內的電荷，有一定的關係：

$$\Phi_E \;=\; \oint_S \vec{E} \cdot \hat{n}\; da \;=\; {q_{\text{enc}}} \Big/ {\varepsilon_0}$$

本題的被包圍的電荷量，可以從平面盤子的電荷密度的積分求得：

$$q_{\text{enc}} \;=\; \int_S \sigma\; da \quad （參看方程式 1.16）$$

因為 $\sigma = -3xy$ ，

$$\begin{aligned}
q_{\text{enc}} &= \int_{y=0}^{L} \int_{x=0}^{L} (-3xy)\; dx\, dy \\
&= -3 \int_{y=0}^{L} y \left(\frac{1}{2} x^2 \Big|_0^L \right)\, dy \\
&= -\frac{3}{2} \int_{y=0}^{L} L^2 y\; dy \\
&= -\frac{3L^2}{2} \left(\frac{1}{2} y^2 \Big|_0^L \right) \\
&= -\frac{3}{4} L^4
\end{aligned}$$

所以，$\Phi_E \;=\; {q_{\text{enc}}} \Big/ {\varepsilon_0} \;=\; {-3L^4} \Big/ {4\varepsilon_0}$

1.3　有一個兩端封閉的圓柱體，其中含有一條沿著其中心軸的帶電線，線性電荷密度為 $\lambda = \lambda_0\,(1 - x/h)$ C/m，而圓柱體以及帶電線由 $x = 0$ 延伸到 $x = h$。求穿過此圓柱體表面的總電通量。

【解答】　根據電場的高斯定律，「穿過一個封閉表面的電通量」和「被包圍在該表面內的電荷」成正比：

$$\Phi_E \;=\; \oint_S \vec{E}\cdot\hat{n}\,da \;=\; {q_{\text{enc}}}\Big/{\varepsilon_0}$$

對於一條電荷密度為 λ 的帶電線，長度為 h 時，總電荷量為：

$$q_{\text{enc}} \;=\; \int_L \lambda\,dl \quad（參看方程式 1.15）$$

本題的情形是：

$$
\begin{aligned}
q_{\text{enc}} &= \int_{x=0}^{h} \lambda_0\Big(1 - \frac{x}{h}\Big)\,dx \\
&= \int_{x=0}^{h} \lambda_0\,dx \;-\; \int_{x=0}^{h} \lambda_0\,\frac{x}{h}\,dx \\
&= \lambda_0\,x\Big|_0^h \;-\; \frac{\lambda_0}{h}\Big(\frac{1}{2}x^2\Big|_0^h\Big) \\
&= \lambda_0 h \;-\; \frac{\lambda_0}{h}\Big(\frac{1}{2}h^2\Big) \\
&= \frac{\lambda_0}{2}h \\
\Phi_E &= {q_{\text{enc}}}\Big/{\varepsilon_0} \;=\; \frac{\lambda_0 h}{2\varepsilon_0}
\end{aligned}
$$

1.4　有一個半徑為 a_0 的帶電球，體電荷密度為 $\rho = \rho_0\,(r/a_0)$，其中 r 是與該球球心的距離，求穿過包圍該球任何封閉表面的電通量。

【解答】　電場的高斯定律告訴你，穿過任何封閉表面的電通量是由

被包圍在該表面內的電荷量來決定的：

$$\Phi_E = \oint_S \vec{E} \cdot \hat{n} \, da = q_{enc} / \varepsilon_0$$

對於本題來講，你必須去求球上的總電荷（因為這是包圍該球的任何表面內的電荷量）。因為體電荷密度為 ρ，總電荷量為：

$$q_{enc} = \int_V \rho \, dV \quad \text{（參看方程式 1.17）}$$

對於本題來講，其結果是：

$$q_{enc} = \int_{r=0}^{a_0} \int_{\theta=0}^{\pi} \int_{\phi=0}^{2\pi} \rho_0 (\frac{r}{a_0}) r^2 \sin\theta \, dr \, d\theta \, d\phi$$

$$= \frac{\rho_0}{a_0} \int_{\theta=0}^{\pi} \int_{\phi=0}^{2\pi} \int_{r=0}^{a_0} r^3 dr \, \sin\theta \, d\theta \, d\phi$$

$$= \frac{\rho_0}{a_0} \int_{\theta=0}^{\pi} \int_{\phi=0}^{2\pi} \left(\frac{r^4}{4} \right) \Bigg|_0^{a_0} \sin\theta \, d\theta \, d\phi$$

$$= \frac{\rho_0}{a_0} (\frac{1}{4} a_0^{\,4}) \int_{\theta=0}^{\pi} \sin\theta \, d\theta \int_0^{2\pi} d\phi$$

$$= \frac{\rho_0 a_0^{\,3}}{4} \left(-\cos\theta \Big|_0^{\pi} \right) \left(\phi \Big|_0^{2\pi} \right)$$

$$= \rho_0 a_0^{\,3} \pi$$

$$\Phi_E = q_{enc} / \varepsilon_0 = \frac{\rho_0 a_0^{\,3} \pi}{\varepsilon_0}$$

1.5 有一個帶電的圓盤，面電荷密度為 2×10^{-10} C/m^2，被一個半徑為 1 m 的球包圍住。假如穿過此球的電通量為 5.2×10^{-2} Vm，求此圓盤的半徑。

【解答】 在本題，你已知穿過球的電通量，所以，你可以用電場的高斯定律（積分形式），去求被包圍的電荷量。

$$\Phi_E = \oint_S \vec{E} \cdot \hat{n}\, da = \frac{q_{\text{enc}}}{\varepsilon_0}$$

$$q_{\text{enc}} = \varepsilon_0 \Phi_E = (8.85 \times 10^{-12}\ \text{C}/\text{Vm})\,(5.2 \times 10^{-2}\ \text{Vm})$$

$$= 4.6 \times 10^{-13}\ \text{C}$$

要求圓盤的半徑，記住總電荷量和面電荷密度的關係是：

$$q_{\text{enc}} = \sigma A \quad (\text{參看方程式 1.13})$$

對於一個圓盤，$A = \pi r^2$，所以上式變為：

$$q_{\text{enc}} = \sigma \pi r^2 = (2 \times 10^{-10}\ \text{C}/\text{m}^2)\,\pi\, r^2$$

$$r = \left[\frac{4.6 \times 10^{-13}\ \text{C}}{(2 \times 10^{-10}\ \text{C}/\text{m}^2)\pi} \right]^{1/2} = 0.027\ \text{m}$$

因此圓盤的直徑為：

$$d = 2r = 0.054\ \text{m}$$

1.6　一個尺寸為 10 cm × 10 cm 的平面板，與一個電荷量為 10^{-8} C 的點電荷相距 5 cm。求此點電荷產生的電通量，有多少穿過此平面板？

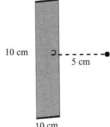

10 cm

10 cm

5 cm

解答　要解本題最簡單的方法是，考慮這個平面板是一個正立方體的一個面，而該點電荷是這個正立方體的中心點。因為這個電荷

產生的電場是對稱的，所以立方體六個面的每一個面都有相同的電通量，它是總電通量的 1/6。

由高斯定律，總通量與被包圍的電荷量的關係是：

$$\Phi_E \;=\; \oint_S \vec{E} \cdot \hat{n} \; da \;=\; {q_{enc}} \Big/ {\varepsilon_0}$$

因為 $q_{enc} = 1 \times 10^{-8}\,\mathrm{C}$ ，上式變成：

$$\Phi_E \;=\; \frac{1 \times 10^{-8}\,\mathrm{C}}{8.85 \times 10^{-12}\,\mathrm{C/Vm}} \;=\; 1.13 \times 10^3\;\mathrm{Vm}$$

穿過立方體每一個面的通量，必為：

$$\Phi_{E,\,\text{each side}} \;=\; \frac{1}{6}\Phi_E \;=\; 188.3\;\;\mathrm{Vm}$$

1.7 一個高度為 h 的圓柱體，中心軸上有電荷密度為 λ 的無限長的帶電線，求穿過半個圓柱體的電通量，假設沒有其他電荷存在。

解答 要得到本題的答案，可利用高斯定律去求「穿過一個封閉圓柱體表面的電通量」，該圓柱體包圍住此帶電的線，然後再將得到的值減半，因為本題只有半個圓柱體。

由於

$$\Phi_E \;=\; \oint_S \vec{E} \cdot \hat{n} \; da \;=\; q_{enc} \big/ \varepsilon_0$$

其中 q_{enc} 是帶電線在圓柱體內部的電荷。

對於一個高度為 h 的線電荷，

$$q_{enc} \;=\; \lambda\, h \quad \text{（參看方程式 1.12）}$$

因此，

$$\Phi_E = \lambda h / \varepsilon_0$$

所以，半個圓柱體的通量為：

$$\Phi_{E,\text{ half-cylinder}} = \Phi_E / 2 = \lambda h / 2\varepsilon_0$$

1.8 一個質子位於一個半球形碗的碗面圓中心點靜止不動，碗的半徑為 R。則穿過此碗表面的電通量有多少？

解答 電場的高斯定律告訴你，假如你知道一個封閉表面內的電荷，你可以求出穿過該表面的電通量，所以要解本題，你只要求出穿過包圍質子的球面的通量，然後再取它的一半即可。

$$\Phi_{E,\text{ half-sphere}} = \frac{1}{2}\Phi_{E,\text{ full-sphere}} = \frac{1}{2}\left(\frac{q_{\text{enc}}}{\varepsilon_0}\right)$$

在本題中，被包圍的電荷就是一個質子的電荷，因此：

$$\Phi_{E,\text{ half-sphere}} = \frac{1}{2}\left(\frac{1.6\times10^{-19}\text{ C}}{8.85\times10^{-12}\text{ C/Vm}}\right)$$
$$= 9.04\times10^{-9}\text{ Vm}$$

注意：本題也可以直接做碗的表面的電場積分，而求得答案：

$$\Phi_E = \oint_S \vec{E}\cdot\hat{n}\ da = \int_{\theta=\pi/2}^{\pi}\int_{\phi=0}^{2\pi}\frac{q_{\text{proton}}}{4\pi\varepsilon_0 R^2}R^2\sin\theta\ d\theta\ d\phi$$
$$= \frac{q_{\text{proton}}}{4\pi\varepsilon_0}\left[-\cos\theta\Big|_{\pi/2}^{\pi}\right](2\pi)$$

$$\Phi_E = \frac{q_{\text{proton}}}{2\varepsilon_0}$$
$$= 9.04 \times 10^{-9} \text{ Vm}$$

1.9 試用一個特殊高斯面，去包圍一條無限長的帶電線，由此去找出此帶電線產生的電場，電場的大小為（與帶電線的）距離的函數。

解答　一個特殊高斯面的形狀，必須使電場平行於、或垂直於表面的法線向量；同時，在表面上的電場必須是一個常數。

由邏輯的推理，一條長的帶電線的電場必須是徑向的（指向線上或者離開線上的電荷），而沿著線的場必須都相同（因為線是無限長，所以線的某一段跟其他任何一段都沒有差別）。所以對本題來講，以電線為中心軸的圓柱體，是你可以選擇的一個很好的特殊高斯面。

你現在可以用高斯定律去求電場：

$$\oint_S \vec{E} \cdot \hat{n} \, da = q_{\text{enc}}/\varepsilon_0$$

對於圓柱體的上底和下底的表面，$\vec{E} \cdot \hat{n} = 0$，因為 $\vec{E}$ 和表面法線垂直。對於圓柱體彎曲的邊面，$\vec{E}$ 和 $\hat{n}$ 平行，所以 $\vec{E} \cdot \hat{n} = \left|\vec{E}\right|$。而因為在彎曲邊面上的電場必須是常數，你可以將 $\left|\vec{E}\right|$ 提出積分符號外：

$$\oint_S \vec{E} \cdot \hat{n} \, da = \oint_S \left|\vec{E}\right| da = \left|\vec{E}\right| \oint_S da = \left|\vec{E}\right| (2\pi \, rL)$$

其中 r 是圓柱體的半徑，L 是其長度。所以：

$$\left|\vec{E}\right| (2\pi \, rL) = q_{\text{enc}}/\varepsilon_0$$

而因為被包圍的電荷量是「線性電荷密度」乘以「被包圍的電線的長度」（參看方程式 1.12），因此：

$$\left|\vec{E}\right|(2\pi\,rL) \;=\; \frac{\lambda L}{\varepsilon_0}$$

$$\left|\vec{E}\right| \;=\; \frac{\lambda}{2\pi\varepsilon_0 r}$$

1.10 試用一個特殊高斯面去證明，一個無限延伸的帶電面所產生的電場的大小為 $\left|\vec{E}\right| = \sigma/2\varepsilon_0$（$\sigma$ 為帶電面的面電荷密度）。

解答　由邏輯的推理，一個無限延伸的帶電面的電場，必須是直接指向或者離開該平面，因為平面上的某一小塊和平面上任何其他的小塊，都完全一樣。所以對本題來講，特殊高斯面可以選擇是穿過該平面的一個立方體，或者是一個圓柱體，使其邊面與該平面垂直，而上、下底與該平面平行。這表示對於邊面而言，$\vec{E} \cdot \hat{n} = 0$，而對於上底和下底而言，$\left|\vec{E}\right|\left|\hat{n}\right|\cos(0°) = \left|\vec{E}\right|$，高斯定律因此變成：

$$\oint_S \vec{E} \cdot \hat{n}\,da \;=\; \left|\vec{E}\right| \int_{\text{Top \& Bottom}} da \;=\; {q_{\text{enc}}}\Big/{\varepsilon_0}$$

假如你選擇立方體是你的特殊高斯面，上底和下底的面積分別是 s^2，其中 s 是立方體的邊長。再者，被包圍的電荷量就是面電荷密度，乘以被立方體包圍住的帶電面的面積（參看方程式 1.13）：

$$\left|\vec{E}\right|(s^2 + s^2) \;=\; {\sigma\,s^2}\Big/{\varepsilon_0}$$

所以，

$$\left|\vec{E}\right| \;=\; {\sigma}\Big/{(2\varepsilon_0)}$$

1.11 試用球坐標，求向量場 $\vec{A} = \left(1/r\right)\hat{r}$ 的散度。

解答 由方程式 1.22，我們知道球坐標的散度的表示式為：

$$\vec{\nabla} \cdot \vec{A} = \frac{1}{r^2}\frac{\partial}{\partial r}(r^2 A_r) + \frac{1}{r\sin\theta}\frac{\partial}{\partial\theta}(A_\theta \sin\theta) + \frac{1}{r\sin\theta}\frac{\partial A_\phi}{\partial\phi}$$

因為在本題中，$\vec{A}$ 只有 r 分量，所以：

$$\vec{\nabla} \cdot \vec{A} = \frac{1}{r^2}\frac{\partial}{\partial r}\left[r^2(\frac{1}{r})\right] = \frac{1}{r^2}\frac{\partial}{\partial r}(r)$$
$$= \frac{1}{r^2}$$

1.12 試用球坐標，求向量場 $\vec{A} = r\hat{r}$ 的散度。

解答 由方程式 1.22，我們知道球坐標的散度的表示式為：

$$\vec{\nabla} \cdot \vec{A} = \frac{1}{r^2}\frac{\partial}{\partial r}(r^2 A_r) + \frac{1}{r\sin\theta}\frac{\partial}{\partial\theta}(A_\theta \sin\theta) + \frac{1}{r\sin\theta}\frac{\partial A_\phi}{\partial\phi}$$

在本題中，$\vec{A} = r\hat{r}$，所以：

$$\vec{\nabla} \cdot \vec{A} = \frac{1}{r^2}\frac{\partial}{\partial r}(r^2 A_r) = \frac{1}{r^2}\frac{\partial}{\partial r}(r^2 r) = \frac{1}{r^2}\frac{\partial}{\partial r}(r^3) = \frac{1}{r^2}(3r^2)$$
$$= 3$$

1.13 已知一個向量場為 $\vec{A} = \cos\left(\pi y - \frac{\pi}{2}\right)\hat{i} + \sin\left(\pi x\right)\hat{j}$，

試畫出此場的場線草圖，並求其散度。

〔解 答〕 利用軟體 *MATLAB*® 將場線的圖畫出來，你應該得到大致像下面的圖形。

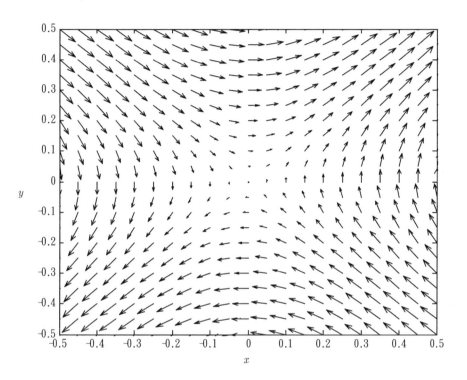

你可以利用以下的公式，求得散度：

$$\vec{\nabla} \cdot \vec{A} = \left(\frac{\partial A_x}{\partial x} + \frac{\partial A_y}{\partial y} + \frac{\partial A_z}{\partial z} \right)$$

因為 $A_x = \cos(\pi y - \pi/2)$ 以及 $A_y = \sin(\pi x)$，代入上式得：

$$\vec{\nabla} \cdot \vec{A} = \frac{\partial}{\partial x}\left[\cos(\pi y - \pi/2)\right] + \frac{\partial}{\partial y}\left[\sin(\pi x)\right]$$

$$= 0$$

1.14 已知某一個區域的電場，可以用圓柱坐標表示為

$$\vec{E} = \frac{az}{r}\hat{r} + br\,\hat{\phi} + cr^2z^2\,\hat{z} ,$$

求該區域的電荷密度。

解答 高斯定律的微分形式告訴我們，$\vec{E}$ 的散度與電荷密度有這個關係：

$$\vec{\nabla}\bullet\vec{E} = \rho/\varepsilon_0$$

而方程式 1.21，給了我們在圓柱坐標的散度表示式：

$$\vec{\nabla}\bullet\vec{E} = \frac{1}{r}\frac{\partial}{\partial r}(rE_r) + \frac{1}{r}\frac{\partial E_\phi}{\partial \phi} + \frac{\partial E_z}{\partial z}$$

在本題中，$E_r = az/r$, $E_\phi = br$, 以及 $E_z = cr^2z^2$ ，所以，

$$\vec{\nabla}\bullet\vec{E} = \frac{1}{r}\frac{\partial}{\partial r}\left[r(\frac{az}{r})\right] + \frac{1}{r}\frac{\partial}{\partial \phi}(br) + \frac{\partial}{\partial z}(cr^2z^2) = \rho/\varepsilon_0$$

$$\frac{1}{r}(0) + \frac{1}{r}(0) + 2zcr^2 = \rho/\varepsilon_0$$

即： $\rho = 2zcr^2\varepsilon_0$

1.15 已知某一個區域的電場，可以用球坐標表示為

$$\vec{E} = ar^2\,\hat{r} + \frac{b\cos\theta}{r}\hat{\theta} + c\,\hat{\phi} ,$$

求該區域的電荷密度。

解答　高斯定律的微分形式為：

$$\vec{\nabla} \cdot \vec{E} = \rho / \varepsilon_0$$

用球坐標來表示散度：

$$\vec{\nabla} \cdot \vec{E} = \frac{1}{r^2}\frac{\partial}{\partial r}(r^2 E_r) + \frac{1}{r\sin\theta}\frac{\partial}{\partial\theta}(E_\theta \sin\theta) + \frac{1}{r\sin\theta}\frac{\partial E_\phi}{\partial\phi}$$

在本題中，$E_r = a\,r^2$，$E_\theta = \dfrac{b\cos\theta}{r}$，以及 $E_\phi = c$，
因此，

$$\vec{\nabla} \cdot \vec{E} = \frac{1}{r^2}\frac{\partial}{\partial r}(r^2 a\,r^2) + \frac{1}{r\sin\theta}\frac{\partial}{\partial\theta}\left(\frac{b\cos\theta\sin\theta}{r}\right) + \frac{1}{r\sin\theta}\frac{\partial}{\partial\phi}(c)$$

$$= 4\,a\,r + \frac{b}{r^2\sin\theta}(-\sin^2\theta + \cos^2\theta) + 0$$

利用 $\cos^2\theta = 1 - \sin^2\theta$ ，

代入上式，得　$4\,a\,r + \dfrac{b}{r^2}\left(\dfrac{1 - 2\sin^2\theta}{\sin\theta}\right) = \rho/\varepsilon_0$

即：　　　　　$\rho = 4\,a\,r\varepsilon_0 + \dfrac{b\varepsilon_0}{r^2}\left(\dfrac{1}{\sin\theta} - 2\sin\theta\right)$

2.1　已知磁場為 $\vec{B} = 5\hat{i} - 3\hat{j} + 4\hat{k}$ T ，求穿過下圖所示「下寬上窄
　　之圓柱體」的上底、下底以及邊面之磁通量。

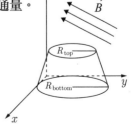

解答 磁場的高斯定律告訴你，穿過任何封閉表面的磁通量必須等於零：

$$\Phi_B = \oint_S \vec{B} \cdot \hat{n}\, da = 0$$

所以要解本題的一個方法是，去計算穿過下寬上窄之圓柱體的上底、下底的磁通量，再用這兩個值去求穿過彎曲邊面的磁通量。

上底和下底的單位法線向量是：

$$\hat{n}_{\text{top}} = \hat{k} \quad \text{以及} \quad \hat{n}_{\text{bottom}} = -\hat{k}$$

所以，

$$\Phi_{B,\text{top}} = \int_{\text{top}} \vec{B} \cdot \hat{n}\, da = \int_{\text{top}} (5\hat{i} - 3\hat{j} + 4\hat{k}) \times 10^{-9} \cdot \hat{k}\, da$$

$$= \int_{\text{top}} 4 \times 10^{-9}\, da = 4\pi \times 10^{-9} R_{\text{top}}^2$$

同樣的方法，可以求出下底：

$$\Phi_{B,\text{bottom}} = \int_{\text{bottom}} \vec{B} \cdot \hat{n}\, da = \int_{\text{bottom}} (5\hat{i} - 3\hat{j} + 4\hat{k}) \times 10^{-9} \cdot (-\hat{k})\, da$$

$$= \int_{\text{bottom}} -4 \times 10^{-9}\, da = -4\pi \times 10^{-9} R_{\text{bottom}}^2$$

因為 $\Phi_{B,\text{top}} + \Phi_{B,\text{botttom}} + \Phi_{B,\text{sides}} = 0$

由此可得：

$$\Phi_{B,\text{sides}} = -(\Phi_{B,\text{top}} + \Phi_{B,\text{bottom}}) = 4\pi \times 10^{-9} (R_{\text{bottom}}^2 - R_{\text{top}}^2)$$

2.2 有一條通有電流之長直電線，其電流由 5 mA 增加到 15 mA，求此時穿過一個與電線相距 20 cm，而每邊 10 cm 長的正方形磁通量的變化。假設電線和正方形在同一平面上，且和正方形最靠近的邊平行。

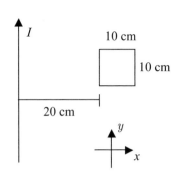

解答　磁通量的定義為：

$$\Phi_B = \oint_S \vec{B} \cdot \hat{n}\ da$$

而靠近一條很長、帶有電流 I
的電線旁的磁場為：

$$\vec{B} = \frac{\mu_0 I}{2\pi r}\ \hat{\phi}$$

如右上圖，取每邊長 10 cm 正方形的表面法線向量，

方向是指向紙張，則在正方形的表面上，$\hat{n}$ 和 $\hat{\phi}$ 互相平行，

所以，$\Phi_B = \int_S \dfrac{\mu_0 I}{2\pi r}\ da$

將面積元素 $da = dx\,dy$ 除以正方形的面積，
而從電線到每一個面積元素的距離是 x，得到：

$$\Phi_B = \int_{y=0}^{0.1\text{m}} \int_{x=0.2}^{0.3\text{m}} \frac{\mu_0 I}{2\pi x} dx\, dy = \frac{\mu_0 I}{2\pi} \int_{y=0}^{0.1\text{m}} \int_{x=0.2}^{0.3\text{m}} \frac{dx}{x}\, dy$$

$$= \frac{\mu_0 I}{2\pi} \int_{y=0}^{0.1\text{m}} \left[\ln(0.3) - \ln(0.2)\right] dy = \frac{\mu_0 I}{2\pi} \ln\left(\frac{0.3}{0.2}\right)(0.1)$$

$$= 8.11 \times 10^{-9} I \quad \text{wb}$$

所以，

當 $I = 5 \times 10^{-3}\text{A}$ 時，$\Phi_B = 4.05 \times 10^{-11}$ wb，

當 $I = 15 \times 10^{-3}\text{A}$ 時，$\Phi_B = 1.22 \times 10^{-10}$ wb。

因此，$\Delta\Phi_B = 8.15 \times 10^{-11}$ wb。

2.3 已知一磁場為：

$$\vec{B} = 0.002\,\hat{i} + 0.003\,\hat{j} \text{ T}$$

求穿過下圖所示楔形之所有五個面的磁通量，
並證明穿過此楔形的總通量等於零。

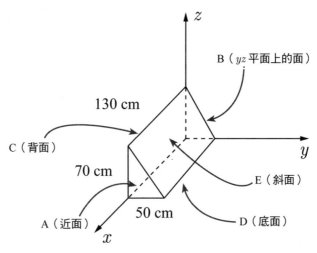

解 答　對於每一個面，

$$\Phi_B = \int_S \vec{B} \cdot \hat{n}\ da$$

每一個面（從 A 到 E）的單位法線向量，分別為：

$$\hat{n}_A = \hat{i} \qquad \hat{n}_B = -\hat{i} \qquad \hat{n}_C = -\hat{j} \qquad \hat{n}_D = -\hat{k}$$

$$\hat{n}_E = \frac{1}{\sqrt{0.5^2 + 0.7^2}}\,(0.7\,\hat{j} + 0.5\,\hat{k}) = 0.814\,\hat{j} + 0.581\,\hat{k}$$

所以，

$$\begin{aligned}
\Phi_{B,\,\text{surface A}} &= \int_A [(2\times10^{-3})\,\hat{i} + (3\times10^{-3})\,\hat{j}] \cdot \hat{i}\ da = (2\times10^{-3})\int_A da \\
&= [(2\times10^{-3})\,\text{T}]\,(0.5)\,(0.7\,\text{m} \times 0.5\,\text{m}) = 3.5\times10^{-4}\text{ wb}
\end{aligned}$$

同法可得：

$$\Phi_{B,\text{surface B}} = \int_B [(2 \times 10^{-3})\hat{i} + (3 \times 10^{-3})\hat{j}] \bullet (-\hat{i}) \, da = -3.5 \times 10^{-4} \text{ wb}$$

$$\Phi_{B,\text{surface C}} = \int_C [(2 \times 10^{-3})\hat{i} + (3 \times 10^{-3})\hat{j}] \bullet (-\hat{j}) \, da = -2.73 \times 10^{-3} \text{ wb}$$

$$\Phi_{B,\text{surface D}} = \int_D [(2 \times 10^{-3})\hat{i} + (3 \times 10^{-3})\hat{j}] \bullet (-\hat{k}) \, da = 0$$

$$\Phi_{B,\text{surface E}} = \int_E [(2 \times 10^{-3})\hat{i} + (3 \times 10^{-3})\hat{j}] \bullet (0.814\hat{j} + 0.581\hat{k}) \, da$$

$$= [(3 \times 10^{-3})\text{T}](0.814)(1.3 \text{ m} \times 0.86 \text{ m}) = 2.73 \times 10^{-3} \text{ wb}$$

將穿過上面五個面的磁通量都加起來，得到：

$$\Phi_{B,\text{total}} = (3.5 \times 10^{-4}) + (-3.5 \times 10^{-4}) + (-2.73 \times 10^{-3}) + 0 + (2.73 \times 10^{-3})$$
$$= 0$$

2.4 求穿過一個「每邊長為 1 m 的立方體」的地球磁場的磁通量，並證明穿過此立方體的總磁通量等於零。假設在此立方體處，地球磁場的大小為 4×10^{-5} T，方向是向上，並與水平面成 $30°$ 角。你可以任意選擇立方體的方向。

【解答】 將立方體放成次頁圖示的方向，使它的各面是沿著磁場的南、北方向和東、西方向，則每一個面的單位法線向量為：

$$\hat{n}_{\text{top}} = \hat{k} \qquad \hat{n}_{\text{bottom}} = -\hat{k} \qquad \hat{n}_{\text{west}} = \hat{i}$$

$$\hat{n}_{\text{east}} = -\hat{i} \qquad \hat{n}_{\text{south}} = \hat{j} \qquad \hat{n}_{\text{north}} = -\hat{j}$$

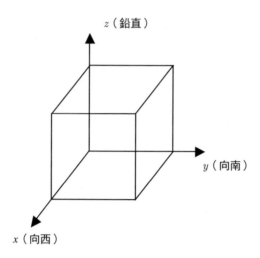

假如磁場是向南、並與水平面（向上）成 $30°$ 角，則：

$$\vec{B} = (4 \times 10^{-5}\,\text{T})\,(\cos 30°\,\hat{j} + \sin 30°\,\hat{k})$$

$$= (3.46 \times 10^{-5})\,\text{T}\,\hat{j} + (2 \times 10^{-5})\,\text{T}\,\hat{k}$$

穿過每一個面的磁通量的公式為 $\Phi_B = \int_S \vec{B} \cdot \hat{n}\,da$，

所以對於立方體的上表面，磁通量為：

$$\Phi_{B,\,\text{top}} = \int_{\text{top}} [(3.46 \times 10^{-5})\,\text{T}\,\hat{j} + (2 \times 10^{-5})\,\text{T}\,\hat{k}] \cdot \hat{k}\,da$$

$$= (2 \times 10^{-5}\,\text{T}) \int_{\text{top}} da = 2 \times 10^{-5}\ \text{wb}$$

同法可得下表面的磁通量：

$$\Phi_{B,\,\text{bottom}} = \int_{\text{bottom}} [(3.46 \times 10^{-5})\,\text{T}\,\hat{j} + (2 \times 10^{-5})\,\text{T}\,\hat{k}] \cdot (-\hat{k})\,da$$

$$= -2 \times 10^{-5}\ \text{wb}$$

以及

$$\Phi_{B,\,\text{west}} = \int_{\text{west side}} [(3.46 \times 10^{-5})\,\text{T}\,\hat{j} + (2 \times 10^{-5})\,\text{T}\,\hat{k}] \bullet \hat{i}\,da = 0$$

$$\Phi_{B,\,\text{east}} = \int_{\text{east side}} [(3.46 \times 10^{-5})\,\text{T}\,\hat{j} + (2 \times 10^{-5})\,\text{T}\,\hat{k}] \bullet (-\hat{i})\,da = 0$$

$$\Phi_{B,\,\text{south}} = \int_{\text{south side}} [(3.46 \times 10^{-5})\,\text{T}\,\hat{j} + (2 \times 10^{-5})\,\text{T}\,\hat{k}] \bullet \hat{j}\,da$$

$$= 3.46 \times 10^{-5}\,\text{wb}$$

$$\Phi_{B,\,\text{north}} = \int_{\text{north side}} [(3.46 \times 10^{-5})\,\text{T}\,\hat{j} + (2 \times 10^{-5})\,\text{T}\,\hat{k}] \bullet (-\hat{j})\,da$$

$$= -3.46 \times 10^{-5}\,\text{wb}$$

穿過立方體的總磁通量因此為：

$$\Phi_{B,\,\text{total}} = (2 \times 10^{-5}) + (-2 \times 10^{-5}) + 0 + 0 + (3.46 \times 10^{-5}) + (-3.46 \times 10^{-5})$$
$$= 0$$

2.5　一個半徑為 r_0、高為 h 的圓柱體，放在一個理想的螺線管中，並使圓柱體的軸和螺線管的軸互相平行。求穿過圓柱體的上底、下底與曲面的磁通量，並證明穿過圓柱體的總磁通量等於零。

解答　穿過每一個面的磁通量的公式是：

$$\Phi_B = \int_S \vec{B} \bullet \hat{n}\,da$$

而從表 2.1 可知，在一個理想的螺線管內的磁場為：

$$\vec{B} = \frac{\mu_0 N I}{l}\,\hat{x}$$

其中 N 是圈數，l 是螺線管的長度，I 是電流，$\hat{x}$ 則是沿著螺線管的軸。圓柱體上底和下底的單位法線向量，分別為：

$$\hat{n}_{\text{top}} = \hat{i}$$

$$\hat{n}_{\text{bottom}} = -\hat{i}$$

將這些關係代入磁通量的公式，得到穿過上底、下底的磁通量，分別為：

$$\Phi_{B,\text{top}} = \int_{\text{top}} \vec{B} \bullet \hat{n}_{\text{top}} \ da = \int_{\text{top}} \frac{\mu_0 N I}{l} \ \hat{i} \bullet \hat{i} \ da$$

$$= \frac{\mu_0 N I}{l} \int_{\text{top}} da = \frac{\mu_0 N I}{l} (\pi r_0^{\ 2})$$

以及

$$\Phi_{B,\text{bottom}} = \int_{\text{bottom}} \vec{B} \bullet \hat{n}_{\text{bottom}} \ da = \int_{\text{bottom}} \frac{\mu_0 N I}{l} \ \hat{i} \bullet (-\hat{i}) \ da$$

$$= -\frac{\mu_0 N I}{l} \int_{\text{bottom}} da = -\frac{\mu_0 N I}{l} (\pi r_0^{\ 2})$$

圓柱體的彎曲邊面的單位法線向量沒有 x 分量，所以穿過邊面的磁通量等於零。因此，穿過圓柱體表面的總磁通量為：

$$\Phi_{B,\text{total}} = \Phi_{B,\text{top}} + \Phi_{B,\text{tottom}} + \Phi_{B,\text{side}}$$

$$= \frac{\mu_0 N I}{l} (\pi r_0^{\ 2}) - \frac{\mu_0 N I}{l} (\pi r_0^{\ 2}) + 0$$

$$= 0$$

2.6 確定下方這兩個以圓柱坐標表示的向量場，是否可能為磁場：

(a) $\vec{A}(r, \phi, z) = \dfrac{a}{r} \cos^2 \phi \ \hat{r}$

(b) $\vec{A}(r, \phi, z) = \dfrac{a}{r^2} \cos^2 \phi \ \hat{r}$

解答　磁場的高斯定律微分形式告訴你，磁場的散度必須為零。所以要決定一個向量場是否可以為磁場，其中的一個方法是去檢查該向量場的散度是否為零。

(a)　$\vec{A}(r, \phi, z) = \dfrac{a}{r}\cos^2\phi\,\hat{r}$

在圓柱坐標，散度的公式是：

$$\vec{\nabla}\cdot\vec{A} = \frac{1}{r}\frac{\partial}{\partial r}(rA_r) + \frac{1}{r}\frac{\partial A_\phi}{\partial\phi} + \frac{\partial A_z}{\partial z}$$

在本題中，$A_\phi = A_z = 0$，所以

$$\vec{\nabla}\cdot\vec{A} = \frac{1}{r}\frac{\partial}{\partial r}(rA_r) = \frac{1}{r}\frac{\partial}{\partial r}\left(r\,\frac{a}{r}\cos^2\phi\right)$$

$$= \frac{1}{r}\frac{\partial}{\partial r}\left(a\cos^2\phi\right) = 0$$

因此，這個向量場可能是一個磁場。

(b)　$\vec{A}(r, \phi, z) = \dfrac{a}{r^2}\cos^2\phi\,\hat{r}$

跟 (a) 一樣，$A_\phi = A_z = 0$，所以

$$\vec{\nabla}\cdot\vec{A} = \frac{1}{r}\frac{\partial}{\partial r}\left(r\,\frac{a}{r^2}\cos^2\phi\right) = \frac{1}{r}\frac{\partial}{\partial r}\left(\frac{a}{r}\cos^2\phi\right)$$

$$= \frac{1}{r}\left(-\frac{a}{r^2}\cos^2\phi\right) = -\frac{a}{r^3}\cos^2\phi$$

因為散度不是零，所以這個向量場不可能是一個磁場。

3.1　有一個正方形迴圈，每邊長為 a，平躺在 yz 平面，而在此區域有一個隨時間改變的磁場 $\vec{B}(t) = B_0 e^{-5t/t_0}\,\hat{i}$，求在此正方形感應的電動勢。

解 答 從通量法則，

$$\text{emf} = -\frac{d}{dt}\int_S \vec{B}\cdot\hat{n}\ da$$

我們取 $\hat{n} = \hat{i}$（因為迴圈是在 yz 平面），得：

$$\text{emf} = -\frac{d}{dt}\int_S B_0 e^{-5t/t_0}\ \hat{i}\cdot\hat{i}\ da$$

$$= -\frac{d}{dt}\left(B_0 e^{-5t/t_0}\int_S da\right)$$

$$= -\frac{d}{dt}\left(B_0 e^{-5t/t_0}\ a^2\right)$$

$$= -a^2 B_0\ \frac{d}{dt}\left(e^{-5t/t_0}\right)$$

$$= \frac{5\,a^2 B_0}{t_0}\ e^{-5t/t_0}$$

3.2 有一個每邊長為 L 的導電正方形迴圈，在做轉動，使得其法線和一固定磁場 $\vec{B}$ 之間的夾角，以 $\theta(t) = \theta_0\left(t/t_0\right)$ 的方式改變；求在此迴圈的感應電動勢。

解 答 在本題，磁場是常數，但是迴圈在旋轉，所以 $\vec{B}$ 和迴圈法線之間的角度會變，使得穿過迴圈的磁通量也會變。感應電動勢（emf）為：

$$\text{emf} = -\frac{d}{dt}\int_S \vec{B}\cdot\hat{n}\ da$$

$$= -\frac{d}{dt}\int_S \left|\vec{B}\right|\left|\hat{n}\right|\cos[\theta(t)]\ da$$

$$= -\frac{d}{dt}\left[\left|\vec{B}\right|\cos\left(\frac{\theta_0 t}{t_0}\right)\int_S da\right]$$

$$\text{emf} = -\left|\vec{B}\right| L^2 \frac{d}{dt}\left[\cos\left(\frac{\theta_0 t}{t_0}\right)\right]$$

$$= -\left|\vec{B}\right| L^2 \left[-\sin\left(\frac{\theta_0 t}{t_0}\right)\right]\left(\frac{\theta_0}{t_0}\right)$$

$$= \frac{\left|\vec{B}\right| L^2 \theta_0}{t_0}\sin\left(\frac{\theta_0 t}{t_0}\right)$$

3.3　一根導電棒以等速率 v 貼著垂直導電軌道下降，此時有一個均勻且維持定值的磁場，指向紙張內，如圖所示。

(a) 寫出在迴圈的感應電動勢的表示式。

(b) 決定在迴圈的電流的方向。

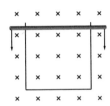

解答　在本題中，磁場的大小，以及磁場和迴圈法線之間的夾角都是常數，但是在導電棒下降時，迴圈的面積會變。

(a) 感應的電動勢（emf）為：

$$\text{emf} = -\frac{d}{dt}\int_s \vec{B} \bullet \hat{n}\, da$$

$$= -\left|\vec{B}\right|\cos(0°)\frac{d}{dt}\int_s da$$

$$= -\left|\vec{B}\right|\frac{dA}{dt}$$

讓由導電棒和軌道形成的迴圈的面積為 wy，其中 w 為是迴圈的寬度，而 y 是迴圈（會改變）的高度，則：

$$\text{emf} = -\left|\vec{B}\right|\frac{d(wy)}{dt} = -\left|\vec{B}\right| w \frac{dy}{dt}$$

導電棒垂直下降的速度 v 等於 $\dfrac{dy}{dt}$，所以：

$$\text{emf} = -\left|\vec{B}\right| w \, v$$

(b) 冷次定律告訴你，感應電流的方向是要抵抗穿過迴圈磁通量的變化。在本題中，進入紙張內的磁通量會減小，所以感應電流會產生往紙張內的磁場，這表示電流的方向是順時針方向。

3.4 有一個正方形迴圈，每邊長為 a，以等速率 v 運動進入一個有磁場的區域，磁場的大小為 B_0、方向與迴圈垂直，如圖所示。試畫出在迴圈的感應電動勢的圖，並寫出當迴圈進入、穿越以及離開磁場區時，各時段的電動勢的大小。

解答 通量法則告訴你，當穿過一個迴圈的磁通量改變時，會產生一個感應電動勢（emf）：

$$\text{emf} = -\frac{d\Phi_B}{dt} = -\frac{d}{dt}\int_S \vec{B} \cdot \hat{n} \, da$$

在本題中，因為迴圈的大小比磁場存在的區域小，所以磁通量在迴圈正在進入和正在離開磁場存在的區域時會有變化，但是當迴圈全部都在磁場區域內時，磁通量則沒有改變。

(a) 正在進入時：

$$\text{emf} = -\frac{d}{dt}\int_S \vec{B} \cdot \hat{n} \, da = -\frac{d}{dt}\int_S \left|\vec{B}\right| \left|\hat{n}\right| \cos(0°) \, da$$

假如 x 是迴圈右邊線進入磁場區域的距離，則在迴圈內有磁場的面積是 xa，因此：

$$\text{emf} = -\frac{d}{dt}\left(\left|\vec{B}\right|\int_S da\right) = -\frac{d}{dt}\left(\left|\vec{B}\right|A\right)$$

$$= -\left|\vec{B}\right|\frac{dA}{dt} = -\left|\vec{B}\right|\frac{d(ax)}{dt} = -\left|\vec{B}\right|a\frac{dx}{dt}$$

因為速率 v 就是 $\frac{dx}{dt}$，所以得：

$$\text{emf} = -\left|\vec{B}\right|av$$

(b) 而當迴圈正在穿越磁場區域時（迴圈全部都在磁場區域時），磁通量沒有變化，因此：

$$\text{emf} = -\frac{d\Phi_B}{dt} = 0$$

(c) 當迴圈正在離開磁場區域時，迴圈內有磁場存在的面積是：

$$[a-(x-2a)]a = (3a-x)a$$

所以，感應電動勢為：

$$\text{emf} = -\frac{d}{dt}\int_S \vec{B}\cdot\hat{n}\,da = -\frac{d}{dt}\left(\left|\vec{B}\right|A\right)$$

$$= -\left|\vec{B}\right|\frac{dA}{dt} = -\left|\vec{B}\right|\frac{d}{dt}\left[(3a-x)a\right]$$

$$= -\left|\vec{B}\right|\frac{d(-xa)}{dt} = -\left|\vec{B}\right|a\left(-\frac{dx}{dt}\right) = \left|\vec{B}\right|av$$

次頁的圖，畫出了在迴圈的感應電動勢（emf）的圖，是以感應電動勢為縱軸，x 為橫軸，其中 x 為迴圈右邊線的位置。

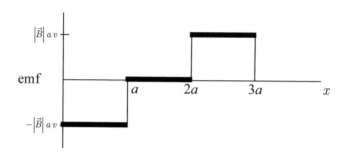

3.5　一個半徑 20 cm、電阻為 12 Ω 的圓形導電迴圈，圈住一根螺線管於其中，該螺線管的繞線 5 圈、長度 38 cm、半徑 10 cm，如圖所示。假如螺線管的電流在 2 s 內從 80 mA 以線性方式增加到 300 mA，則在此迴圈最大的感應電流是多少？

解 答　在本題中，你可以取磁場完全只有存在於螺線管內的近似，而其方向則是沿著螺線管的軸、並指向上方。

從表 2.1，磁場的大小為：$\left|\vec{B}\right| = \dfrac{\mu_0 N I}{l}$

因為電流 I 是隨著時間在變，所以在迴圈上有感應電動勢（emf）：

$$
\begin{aligned}
\text{emf} &= -\frac{d}{dt}\int_s \vec{B}\cdot\hat{n}\,da = -\frac{d}{dt}\int_s \left|\vec{B}\right|\left|\hat{n}\right|da \\
&= -\frac{d}{dt}\left(\left|\vec{B}\right|\pi R^2\right) = -\pi R^2\frac{d\left|\vec{B}\right|}{dt} = -\pi R^2\frac{d}{dt}\left(\frac{\mu_0 N I}{l}\right) \\
&= -\frac{\pi R^2 \mu_0 N}{l}\frac{dI}{dt}
\end{aligned}
$$

因為 I 在 2 秒鐘內，以線性方式由 80 mA 增加到 300 mA，所以：

$$\frac{dI}{dt} = \frac{(300-80)\times 10^{-3}\ \text{A}}{2\ \text{s}} = 0.11\ \text{A}/\text{s}$$

線圈上的電流因此為：

$$\text{emf} = -\frac{\pi R^2 \mu_0 N}{l}\,(0.11) = -\frac{\pi (0.1)^2 (4\pi \times 10^{-7})(5)}{0.38}\,(0.11)$$
$$= -5.7 \times 10^{-8}\ \text{V}$$

其中的負號是表示，電流的方向是要反對磁通量的變化。

3.6 一個圈數為 125 圈的長方形電線線圈，邊長為 25 cm 和 40 cm，放在一個大小為 3.5 mT 的垂直磁場中。線圈以一個水平軸為軸在轉動，求線圈需要轉多快，才會使感應電動勢達到 5V？

解答 就如習題 3.2，本題的感應電動勢（emf）是由於「磁場方向與迴圈法線方向之間的夾角」的變化而來：

$$\text{emf} = -\frac{d}{dt}\int_s N\,\vec{B}\cdot\hat{n}\,da$$
$$= -\frac{d}{dt}\int_s N\,\left|\vec{B}\right|\left|\hat{n}\right|\cos\theta\,da$$
$$= -\frac{d}{dt}\left(N\left|\vec{B}\right|\cos\theta\int_s da\right) = -\frac{d}{dt}\left(N\left|\vec{B}\right|A\cos\theta\right)$$
$$= -N\left|\vec{B}\right|A\,\frac{d(\cos\theta)}{dt}$$

磁場方向與迴圈法線方向之間的夾角 θ 等於 ωt，所以：

$$\text{emf} = -N\left|\vec{B}\right|A\,\frac{d(\cos\omega t)}{dt} = -N\left|\vec{B}\right|A\,(-\omega\,\sin\omega t)$$

$$= N\left|\vec{B}\right|A\,\omega\,\sin\omega t$$

當 $\sin\omega t = 1$ 時，感應電動勢（emf）有極大值：

$$\text{emf}_{\text{Max}} = 5\text{ V} = N\left|\vec{B}\right|A\,\omega = 125(3.5\times10^{-3})(0.25)(0.4)\,\omega$$

所以

$$\omega = \frac{5}{125(3.5\times10^{-3})(0.25)(0.4)} = 114.3 \quad \text{rad}\Big/\text{sec}$$

3.7　一個長螺線管的電流，以 $I(t) = I_0\sin\omega t$ 的方式隨時間改變。用法拉第定律去求螺管線內面和外面的感應電場與 r 的關係，其中 r 是場的位置和螺線管的軸的距離。

解答　對於本題來講，重要的是，你必須要回憶起：法拉第定律顯示（甚至在沒有實體迴圈存在時），只要有磁通量的變化，就會有感應電場產生。因此，

$$\oint_C \vec{E}\bullet d\vec{l} = -\frac{d}{dt}\int_s \vec{B}\bullet\hat{n}\,da$$

要求出感應電場和「離開螺線管的軸的距離 r」的關係，我們考慮一個半徑為 r，法線沿著螺管線軸的想像圓形迴圈（所以螺管線的磁場和迴圈的面垂直）。假如 r 小於螺管線的半徑，則：

$$\oint_C \vec{E}\bullet d\vec{l} = \left|\vec{E}\right|\int_C \left|d\vec{l}\right| = \left|\vec{E}\right|(2\,\pi\,r)$$

又　　$$-\frac{d}{dt}\int_s \vec{B}\bullet\hat{n}\,da = -\frac{d}{dt}\left(\frac{\mu_0\,N\,I}{l}\,\pi\,r^2\right)$$

所以，

$$\left|\vec{E}\right|(2\,\pi\,r) \;=\; -\,\frac{\mu_0\,N\,(\pi\,r^2)}{l}\,\frac{dI}{dt}$$

由於 $I = I_0\,\sin\omega\,t$，因此 $\dfrac{dI}{dt} \;=\; \omega\,I_0\,\cos\omega\,t$

所以，

$$\left|\vec{E}\right|(2\,\pi\,r) \;=\; -\,\frac{\mu_0\,N\,(\pi\,r^2)}{l}\,(\omega\,I_0\,\cos\omega\,t)$$

$$\left|\vec{E}\right| \;=\; -\,\frac{\mu_0\,N\,(\pi\,r^2)\,\omega\,I_0}{2\,\pi\,r\,l}\,\cos\omega\,t$$

$$\;=\; -\,\frac{\mu_0\,N\,r\,\omega\,I_0}{2\,l}\,\cos\omega\,t$$

上面的答案含有一個負號，表示感應的電場的方向，是要去驅動一個電流來反對磁通量的改變。

在螺線管外，我們取迴圈的半徑 r 大於螺線管的半徑 R，得：

$$\oint_C \vec{E}\bullet d\vec{l} \;=\; -\,\frac{d}{dt}\int_s \vec{B}\bullet\hat{n}\,da \;=\; -\,\frac{d}{dt}\left(\frac{\mu_0\,N\,I}{l}\,\pi\,R^2\right)$$

$$\left|\vec{E}\right|(2\,\pi\,r) \;=\; -\,\frac{\mu_0\,N\,(\pi\,R^2)}{l}\,(\omega\,I_0\,\cos\omega\,t)$$

$$\left|\vec{E}\right| \;=\; -\,\frac{\mu_0\,N\,R^2\,\omega\,I_0}{2\,r\,l}\,\cos\omega\,t$$

需注意的是，在螺線管內，感應電場隨著與螺線管軸的距離 r 而增加；而在螺線管外，感應電場則以 $1/r$ 的方式遞減。

3.8 一條長的直電線，其電流以 $I(t) = I_0\, e^{-t/\tau}$ 的方式隨時間遞減。有一個每邊長為 s 的正方形電線迴圈與電線躺在同一平面上，且有兩個邊和電線平行，如圖所示。假如電線與最靠近的邊的距離為 d，求在迴圈上的感應電動勢。

解答 在本題中，穿過迴圈的磁場，在空間上是不均勻的，且會隨著時間改變。這表示你必須對迴圈的面積積分，去求出磁通量，然後取時間微分，去求出感應電動勢（emf）：

$$\text{emf} = -\frac{d}{dt}\int_s \vec{B}\bullet\hat{n}\, da$$

$$= -\frac{d}{dt}\int_s \left|\vec{B}\right|\,\left|\hat{n}\right|\cos\theta\, da$$

由表 2.1 知，一條帶電流的長而直電線產生的磁場為：

$$\vec{B} = \frac{\mu_0 I}{2\pi r}\,\hat{\phi}$$

因為本題的迴圈與產生磁場的電線躺在同一平面上，所以 $\vec{B}$ 和 $\hat{n}$ 之間的夾角等於零，得：

$$\text{emf} = -\frac{d}{dt}\int_s \frac{\mu_0 I}{2\pi r}\, da$$

取 x 軸是由電線到迴圈的方向（垂直於電線的方向），並考慮面積元素 $da = dx\, dy$，上式的結果為：

$$\text{emf} = -\frac{d}{dt}\int_{y=0}^{s}\int_{x=d}^{d+s}\frac{\mu_0 I}{2\pi x}\, dx\, dy$$

$$\text{emf} = -\frac{d}{dt}\left[\frac{\mu_0 I}{2\pi}\int_{y=0}^{s}\int_{x=d}^{d+s}\frac{dx}{x}\ dy\right]$$

$$= -\frac{d}{dt}\left[\frac{\mu_0 I}{2\pi}\ s\ \ln\left(\frac{d+s}{d}\right)\right]$$

因為上式中，只有 I 和時間有關，上式變為：

$$\text{emf} = -\frac{\mu_0 s}{2\pi}\ \ln\left(\frac{d+s}{d}\right)\frac{dI}{dt}$$

$$= -\frac{\mu_0 s}{2\pi}\ \ln\left(\frac{d+s}{d}\right)\frac{d}{dt}\left(I_0\ e^{-t/\tau}\right)$$

$$= -\frac{\mu_0 s}{2\pi}\ \ln\left(\frac{d+s}{d}\right)I_0\left(-\frac{1}{\tau}\right)e^{-t/\tau}$$

$$= \frac{\mu_0\ I_0\ s}{2\pi\ \tau}\ \ln\left(\frac{d+s}{d}\right)\ e^{-t/\tau}$$

4.1 兩條平行的電線分別帶有電流 I_1 和 $2I_1$，其電流方向相反。利用安培定律，求在兩電線之間的中點位置處的磁場。

解答 想像一個安培迴圈，圍繞著帶有電流 I_1 的電線，該迴圈穿過兩電線的中點。安培定律告訴你，由該電流產生的磁場 $\vec{B}_1$ 可以由下面的公式求得：

$$\oint_C \vec{B}_1 \bullet d\vec{l}\ =\ \mu_0\ I_{enc}$$

對於一個圓形的安培迴圈，$\vec{B}_1$ 和迴圈上每一小段 dl 都互相平行，所以點積變成簡單的代數相乘。而且在迴圈上，磁場的大小是一個常數，所以可以將 $\left|\vec{B}_1\right|$ 拿到積分符號外面：

$$\left|\vec{B_1}\right| \oint_C d\vec{l} \;=\; \mu_0\, I_1$$

$$\left|\vec{B_1}\right| (2\,\pi\, r) \;=\; \mu_0\, I_1$$

$$\left|\vec{B_1}\right| \;=\; \frac{\mu_0\, I_1}{2\,\pi\, r}$$

其中 r 是從帶電流 I_1 的電線到兩電線中點的距離。用相同的分析，帶電流 $2I_1$ 的電線產生的磁場 $\vec{B_2}$ 的大小為：

$$\left|\vec{B_2}\right| \;=\; \frac{\mu_0(2\,I_1)}{2\,\pi\, r} \;=\; \frac{\mu_0\, I_1}{\pi\, r}$$

利用右手定則，你會發現在兩電線之間的點，兩條電線產生的磁場方向相同，所以：

$$\left|\vec{B}_{\text{total}}\right| \;=\; \left|\vec{B_1}\right| + \left|\vec{B_2}\right| \;=\; \frac{\mu_0\, I_1}{2\,\pi\, r} + \frac{\mu_0\, I_1}{\pi\, r} \;=\; \frac{3\,\mu_0\, I_1}{2\,\pi\, r}$$

4.2 求在螺線管內的磁場。（提示：採用圖中所示的安培迴圈，同時利用在螺線管內磁場與管的軸平行，而在管外磁場可以忽略。）

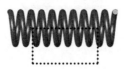

解答 用圖中所示的安培迴圈，安培定律可以寫成下面的形式：

$$\oint_C \vec{B}\bullet d\vec{l} = \int_{\text{side }1} \vec{B_1} \bullet d\vec{l_1} + \int_{\text{side }2} \vec{B_2} \bullet d\vec{l_2} + \int_{\text{side }3} \vec{B_3} \bullet d\vec{l_3} + \int_{\text{side }4} \vec{B_4} \bullet d\vec{l_4}$$
$$= \mu_0\, I_{\text{enc}}$$

其中，$\vec{B_1}$、$\vec{B_2}$、$\vec{B_3}$、$\vec{B_4}$ 分別代表迴圈四個邊上的磁場，而 $d\vec{l_1}$、

$d\vec{l_2}$、$d\vec{l_3}$、$d\vec{l_4}$ 分別是沿著每一個邊積分時，長度的增加。

取邊 1 是迴圈在螺線管內的一邊，邊 2 和邊 4 是與邊 1 垂直的邊，而邊 3 與邊 1 平行，並取 x 軸是沿著螺線管的軸，你可以得到：

在螺線管內，$\vec{B} = \left|\vec{B}\right|\hat{i}$

在螺線館外，$\vec{B} = 0$

以及

$$d\vec{l_1} = \left|d\vec{l_1}\right|\hat{i} \quad d\vec{l_2} = \left|d\vec{l_2}\right|(-\hat{j}) \quad d\vec{l_3} = \left|d\vec{l_3}\right|(-\hat{i}) \quad d\vec{l_4} = \left|d\vec{l_4}\right|\hat{j}$$

所以：

$$\int_{\text{side 1}} \vec{B} \cdot d\vec{l_1} = \int_{\text{side 1}} \left|\vec{B}\right|\left|d\vec{l_1}\right|\cos(0°) = \left|\vec{B}\right|\int_{side\ 1}\left|d\vec{l_1}\right| = \left|\vec{B}\right|l_1$$

$$\int_{\text{side 2}} \vec{B} \cdot d\vec{l_2} = \int_{\text{side 2}} \left|\vec{B}\right|\left|d\vec{l_2}\right|\cos(90°) = 0$$

$$\int_{\text{side 3}} \vec{B} \cdot d\vec{l_3} = \int_{\text{side 3}} 0 \cdot \left|d\vec{l_3}\right| = 0$$

$$\int_{\text{side 4}} \vec{B} \cdot d\vec{l_4} = \int_{\text{side 4}} \left|\vec{B}\right|\left|d\vec{l_4}\right|\cos(90°) = 0$$

由此得：

$$\left|\vec{B}\right|l_1 = \mu_0\, I_{\text{enc}}$$

$$\left|\vec{B}\right| = \frac{\mu_0\, I_{\text{enc}}}{l_1}$$

　　要求出你的安培迴圈所包圍的電流，只要將「螺線管上每一圈的電流」乘以你的「迴圈內包含的圈數」即可。假如螺線管在長度 L 內有 N 圈，則每單位長度的圈數是 $n = N/L$，所以邊長為 l_1 的迴圈所包圍的圈數是 $n\,l_1$，則 $I_{\text{enc}} = n\,l_1 I$。

由此得：

$$\left|\vec{B}\right| = \frac{\mu_0\,n\,l_1\,I}{l_1} = \mu_0\,n\,I$$

即
$$|\vec{B}| = \frac{\mu_0 N I}{L}$$

其中 N 是全部的圈數，而 L 則是螺線管的長度。

4.3 採用圖中所示的安培迴圈，去求在環面內的磁場。

解答 圍繞環面的每一圈電線都有電流 I，所以安培迴圈所包圍的總電流為 $I_{enc} = N I$，其中 N 是圍繞環面的圈數。

安培定律因此為：

$$\oint \vec{B} \cdot d\vec{l} = \mu_0 I_{enc} = \mu_0 N I$$

在環面內的圓形安培迴圈，磁場和迴圈的每一小段 $d\vec{l}$ 平行，所以積分中的點積變成簡單的代數乘積。另外整個迴圈上的磁場大小是一個常數，所以 $|\vec{B}|$ 可以提到積分符號外面：

$$|\vec{B}| \oint d\vec{l} = \mu_0 N I$$

$$|\vec{B}|(2\pi r) = \mu_0 N I$$

$$|\vec{B}| = \frac{\mu_0 N I}{2\pi r}$$

4.4 如次頁圖中所示的同軸電纜，內導線帶有電流 I_1，方向如箭頭所示，而外導線帶有電流 I_2，方向相反。假如 I_1 和 I_2 的大小相等，試求在兩導體之間以及電纜外的磁場。

[解答] 在兩個導體之間，取安培迴圈為圓形，中心為內導體之中心，半徑大於內導體半徑，但小於外導體半徑，安培定律為：

$$\oint \vec{B} \cdot d\vec{l} \ = \ \mu_0 \, I_{\text{enc}} \ = \ \mu_0 N I$$

因此：

$$\left|\vec{B}\right| \oint d\vec{l} \ = \ \mu_0 \, I_1$$

$$\left|\vec{B}\right| (2\,\pi\,r) \ = \ \mu_0 \, I_1$$

$$\left|\vec{B}\right| \ = \ \frac{\mu_0 I_1}{2\,\pi\,r}$$

其中 r 是與內導體中心的距離（迴圈半徑）。

在兩個導體之外，取半徑大於外導體的半徑，被安培迴圈包圍住的電流是：

$$I_{\text{enc}} \ = \ I_1 + I_2 \ = \ I_1 + (-I_1) \ = \ 0$$

因此：

$$\oint \vec{B} \cdot d\vec{l} \ = \ \mu_0 \, I_{\text{enc}} \ = \ 0$$

$$\left|\vec{B}\right| \ = \ 0$$

4.5　一個正在放電的平行板電容器，其板上的電荷量與時間的關係為：$Q(t) \ = \ Q_0 \, e^{-t/RC}$，其中 Q_0 為起始的電荷量，C 是電容器

的電容，而 R 是接到電容器的放電迴路的電阻。試求兩電板間產生的位移電流。

解答 　從方程式 4.7，位移電流為：

$$I_d = \varepsilon_0 \frac{d}{dt} \int_S \vec{E} \cdot \hat{n} \; da$$

要計算這個式子，記住兩個導電板之間的電場的大小為：

$$\left| \vec{E} \right| = \frac{\sigma}{\varepsilon_0} = \frac{Q}{\varepsilon_0 A}$$

其中 Q 是每一個板上電荷量的大小，而 A 是每一個板的面積。
因此，

$$I_d = \varepsilon_0 \frac{d}{dt} \int_S \frac{Q}{\varepsilon_0 A} \; da = \varepsilon_0 \frac{d}{dt} \left[\frac{Q}{\varepsilon_0 A} \int_S da \right] = \frac{dQ}{dt}$$

在本題中，$Q = Q_0 \, e^{-t/RC}$
所以：

$$I_d = \frac{dQ}{dt} = \frac{d}{dt} \left[Q_0 \, e^{-t/RC} \right] = Q_0 \frac{d}{dt} \left[e^{-t/RC} \right]$$

$$= -\frac{Q_0}{RC} \, e^{-t/RC}$$

4.6 　一個電流產生了一個磁場 $\vec{B} = a \sin(by) e^{bx} \, \hat{z}$，試求該電流的密度。

解答 　安培定律的微分形式，規範了磁場的旋度和電流密度的關係如下：

$$\vec{\nabla} \times \vec{B} = \mu_0 \vec{J}$$

在直角坐標，旋度的表示是為：

$$\vec{\nabla} \times \vec{B} = \left(\frac{\partial B_z}{\partial y} - \frac{\partial B_y}{\partial z} \right) \hat{i} + \left(\frac{\partial B_x}{\partial z} - \frac{\partial B_z}{\partial x} \right) \hat{j} + \left(\frac{\partial B_y}{\partial x} - \frac{\partial B_x}{\partial y} \right) \hat{k}$$

在本題中，$B_x = B_y = 0$，所以：

$$\vec{\nabla} \times \vec{B} = \frac{\partial B_z}{\partial y} \hat{i} - \frac{\partial B_z}{\partial x} \hat{j} = \mu_0 \vec{J}$$

而

$$\frac{\partial}{\partial y} \left(a \sin(by) e^{bx} \right) \hat{i} - \frac{\partial}{\partial x} \left(a \sin(by) e^{bx} \right) \hat{j} = \mu_0 \vec{J}$$

$$ab \cos(by) e^{bx} \hat{i} - a \sin(by) b e^{bx} \hat{j} = \mu_0 \vec{J}$$

所以：

$$\vec{J} = \frac{a b e^{bx}}{\mu_0} \left[\cos(by) \hat{i} - \sin(by) \hat{j} \right]$$

4.7 一個磁場用圓柱坐標表示為 $\vec{B} = B_0 \left(e^{-2r} \sin\phi \right) \hat{z}$，試求產生該磁場的電流密度。

解答 在圓柱坐標，旋度的表示式是：

$$\vec{\nabla} \times \vec{B} = \left(\frac{1}{r} \frac{\partial B_z}{\partial \phi} - \frac{\partial B_\phi}{\partial z} \right) \hat{r} + \left(\frac{\partial B_r}{\partial z} - \frac{\partial B_z}{\partial r} \right) \hat{\phi} + \frac{1}{r} \left(\frac{\partial (r B_\phi)}{\partial r} - \frac{\partial B_r}{\partial \phi} \right) \hat{z}$$

因為 $B_r = B_\phi = 0$，所以：

$$\vec{\nabla} \times \vec{B} = \frac{1}{r}\frac{\partial B_z}{\partial \phi}\hat{r} - \frac{\partial B_z}{\partial r}\hat{\phi} = \mu_0 \vec{J}$$

$$= \frac{1}{r}\frac{\partial}{\partial \phi}\left(B_0\, e^{-2r}\sin\phi\right)\hat{r} - \frac{\partial}{\partial r}\left(B_0\, e^{-2r}\sin\phi\right)\hat{\phi} = \mu_0 \vec{J}$$

$$= \frac{1}{r}\left(B_0\, e^{-2r}\cos\phi\right)\hat{r} + B_0\left(2e^{-2r}\right)\sin\phi\,\hat{\phi} = \mu_0 \vec{J}$$

$$\vec{J} = \frac{B_0\, e^{-2r}}{\mu_0}\left[\frac{1}{r}\cos\phi\,\hat{r} + 2\sin\phi\,\hat{\phi}\right]$$

4.8 什麼樣的電流密度，會產生如下的磁場？

$$\vec{B} = \left(\frac{a}{r} + \frac{b}{r}e^{-r} + ce^{-r}\right)\hat{\phi}$$

（$\vec{B}$ 是用圓柱坐標表示的。）

解答 安培定律的微分形式，規範了在某一點的電流密度與在該點的磁場旋度的關係如下：

$$\vec{\nabla} \times \vec{B} = \mu_0 \vec{J}$$

在圓柱坐標，旋度的表示式是：

$$\vec{\nabla} \times \vec{B} = \left(\frac{1}{r}\frac{\partial B_z}{\partial \phi} - \frac{\partial B_\phi}{\partial z}\right)\hat{r} + \left(\frac{\partial B_r}{\partial z} - \frac{\partial B_z}{\partial r}\right)\hat{\phi} + \frac{1}{r}\left(\frac{\partial(rB_\phi)}{\partial r} - \frac{\partial B_r}{\partial \phi}\right)\hat{z}$$

在本題中，$\vec{B}$ 只有 ϕ 分量，所以：

$$\vec{\nabla} \times \vec{B} = -\frac{\partial B_\phi}{\partial z}\hat{r} + \frac{1}{r}\frac{\partial(rB_\phi)}{\partial r}\hat{z}$$

$$= -\frac{\partial}{\partial z}\left(\frac{a}{r} + \frac{b}{r}e^{-r} + ce^{-r}\right)\hat{r} + \frac{1}{r}\frac{\partial}{\partial r}\left(a + be^{-r} + cre^{-r}\right)\hat{z}$$

$$\vec{\nabla} \times \vec{B} \;=\; 0 \;+\; \frac{1}{r}\left(-be^{-r} + ce^{-r} - cre^{-r}\right)\hat{z}$$

$$=\; e^{-r}\left(-\frac{b}{r} + \frac{c}{r} - c\right)\hat{z}$$

因此，電流密度是：

$$\vec{J} \;=\; \frac{\vec{\nabla} \times \vec{B}}{\mu_0} \;=\; \frac{e^{-r}}{\mu_0}\left(-\frac{b}{r} + \frac{c}{r} - c\right)\hat{z}$$

4.9　在本章中，你學到了一條長而直的電線產生的磁場為：

$$\vec{B} \;=\; \frac{\mu_0 I}{2\pi r}\,\hat{\phi}$$

而此磁場除了電線本身外，其他所有的地方，旋度都等於零。
試證明：如果場是以 $1/r^2$ 的方式，隨著距離而遞減，
則上述的特性不再是正確的。

解答　假如磁場是以 $1/r^2$ 的方式，而不是以 $1/r$ 的方式遞減，則
你可以寫：$\vec{B} \;=\; \dfrac{K}{r^2}\,\hat{\phi}$，其中 K 是一個常數，$\vec{B}$ 的旋度變成：

$$\vec{\nabla} \times \vec{B} \;=\; \frac{1}{r}\frac{\partial}{\partial r}\left(r\frac{K}{r^2}\right)\hat{z} \;=\; \frac{1}{r}\frac{\partial}{\partial r}\left(\frac{K}{r}\right)\hat{z}$$

$$=\; \frac{1}{r}\left(-\frac{K}{r^2}\right)\hat{z}$$

$$=\; -\frac{K}{r^3}\,\hat{z}$$

它並不等於零。

4.10 為了要直接測量位移電流,研究人員用了一個隨時間變化的電壓,去使一個圓形平行板電容器來充電和放電。試求位移電流密度以及電場和時間的關係為何時,可以產生如下的磁場:

$$\vec{B} = \frac{r\omega\Delta V\cos\omega t}{2dc^2}\,\hat{\phi}$$

其中 r 是與電容器中心點的距離,ω 是外加電壓 ΔV 的角頻率,d 是兩板之間的距離,而 c 是光速。

解答 安培－馬克士威定律的微分形式,規範了磁場的旋度與導電流密度 $\vec{J}$ 與位移電流密度 $\varepsilon_0\dfrac{\partial\vec{E}}{\partial t}$ 的關係如下:

$$\vec{\nabla}\times\vec{B} = \mu_0\left(\vec{J}+\varepsilon_0\frac{\partial\vec{E}}{\partial t}\right)$$

在本題中,兩平行板之間沒有導電流,所以 $\vec{J}=0$,因此:

$$\vec{\nabla}\times\vec{B} = \mu_0\,\varepsilon_0\frac{\partial\vec{E}}{\partial t}$$

位移電流為:

$$\varepsilon_0\frac{\partial\vec{E}}{\partial t} = \frac{1}{\mu_0}\left(\vec{\nabla}\times\vec{B}\right)$$

因為 $\vec{B}$ 只有 ϕ 分量,上式變成:

$$\varepsilon_0\frac{\partial\vec{E}}{\partial t} = \frac{1}{\mu_0 r}\frac{\partial}{\partial r}\left(r\,\frac{r\,\omega\,\Delta V\cos\omega t}{2\,d\,c^2}\right)\hat{z}$$

$$= \frac{1}{\mu_0 r}\left(\frac{\omega\,\Delta V\cos\omega t}{2\,d\,c^2}\right)\frac{\partial r^2}{\partial r}\,\hat{z}$$

$$= \frac{\omega\,\Delta V\cos\omega t}{\mu_0\,d\,c^2}\,\hat{z}$$

對時間積分，可求出電場：

$$\vec{E}(t) \;=\; \int_0^t \frac{\omega \, \Delta V \cos \omega t}{\mu_0 \, \varepsilon_0 \, d \, c^2} \, \hat{z} \, dt$$

所以，

$$\vec{E}(t) \;=\; \frac{1}{\omega} \left(\frac{\omega \, \Delta V \sin \omega t}{\mu_0 \, \varepsilon_0 \, d \, c^2} \right) \hat{z}$$

$$\;=\; \frac{\Delta V \sin \omega t}{\mu_0 \, \varepsilon_0 \, d \, c^2} \, \hat{z}$$

附錄 D　參考書籍

　　假如你要找一本對電學和磁學有完整討論的書籍，你有不少非常好的教科書可以選擇。以下列了一些書，也許對你很有用。

Cottingham, W. N. and Greenwood, D. A., *Electricity and Magnetism*. Cambridge University Press, 1991；本書對電學和磁學的各種話題，有廣泛而簡明的討論。

Griffiths, D. J., *Introduction to Electrodynamics*. Prentice-Hall, New Jersey, 1989；這是中等程度的大學部標準教科書，有清楚的解說，並且是非正規型態。

Jackson, J. D., *Classical Electrodynamics*. Wiley & Sons, New York, 1998；這是標準的研究所教科書，在你要研讀以前，需要有很踏實的準備。

Lorrain, P., Corson, D., and Lorrain, F., *Electromagnetic fields and Waves*. Freeman, New York, 1988；這是另外一本非常好的中等程度的教科書，有詳細的說明，並輔佐以有用的圖解。

Purcell, E. M., *Electricity and Magnetism Berkeley Physics Course, Vol. 2*. McGraw-Hill, New York, 1965；這可能是初階程度最好的教科書，寫得很優美，同時有細心的解說。

Wangsness, R. K., *Electromagnetic fields*. Wiley, New York, 1986；這也是一本很好的初階程度的教科書，特別是準備要讀 Jackson 之前的先修書籍。

　　若要找一本對向量算符有完整介紹的書籍，可試試下面的書，它有許多例子是從靜電學拿出來的：

Schey, H. M., *Div, Grad, Curl, and All That*. Norton, New York, 1997.

附錄 E　　中英名詞對照

二畫
二階導數（二次微分）　　second derivative

三畫
叉積（外積、向量積）　　cross product

四畫
介電係數（電容率）　　permittivity
介電常數　　dielectric constant
介電體　　dielectric
厄斯特　　Hans Christian Oersted（1777-1851），丹麥科學家
反磁性　　diamagnetism
天頂角　　zenith angle
方向餘弦　　direction cosines
方位角　　azimuthal angle

五畫
右手定則　　right-hand rule
平行板電容器　　parallel-plate capacitor
平穩　　stationary
必歐－沙伐定律　　Biot-Savart law

六畫

光速　　speed of light

向量叉積　　vector cross product

向量場　　vector field

安培　　Andre-Marie Ampere（1775-1836），法國科學家

安培（電流單位）　　A, ampere

安培定律　　Ampere's law

安培－馬克士威定律　　Ampere-Maxwell law

自由電流　　free current

自由電流密度　　free current density

自由電荷　　free charge

自由電荷密度　　free charge density

七畫

位移　　displacement

位移電流　　displacement current

位移電流密度　　displacement current density

克耳文－斯托克斯定理　　Kelvin-Stokes theorem

冷次　　Heinrich Lenz（1804-1865），俄國科學家

冷次定律　　Lenz's law

束縛電流密度　　bound current density

束縛電荷　　bound charge

束縛電荷密度　　bound charge density

八畫

帕松方程式　　Poisson's equation

拉格朗日　　J. L. LaGrange（1736-1813），法國數學家

拉普拉斯　　Pierre Simon Laplace（1749-1827），法國數學家

拉普拉斯算符　　Laplacian operator

波動方程式　wave equation
法拉第　Michael Faraday（1791-1867），英國科學家
法拉第定律　Faraday's law
法線向量　normal vector
沿著路徑所做的功　work done along a path
直角坐標（笛卡兒坐標）　rectangular coordinates
非笛卡兒坐標　non-Cartesian coordinate

九畫

封閉表面　closed surface
相對介電係數（相對電容率）　relative permittivity
相對磁導率　relative permeability
面電荷密度　surface charge density
面積分　surface integral

十畫

流率（流量率）　rate of flow
流線　flow line
韋伯（磁通量單位）　Wb, weber
格林　George Green（1793-1841），英國數學家
特殊安培迴圈　special Amperian loop
特殊高斯面　special Gaussian surface
真空介電係數　vacuum permittivity
真空介電係數（真空電容率）　permittivity of free space
真空磁導率　permeability of free space
純量場　scalar field
純量勢（純量位勢）　scalar potential
純量積　scalar product

馬克士威　James Clerk Maxwell（1831-1879），英國科學家
高斯　C. F. Gauss（1777-1855），德國數學家
高斯定理（散度定理）　Gauss's theorem

十一畫

偶極矩　dipole moment
偏微分　partial differential
旋度　curl
梯度　gradient
淨電流　net current
笛卡兒坐標（直角坐標）　Cartesian coordinates
被包圍的電流　enclosed current
被包圍的電荷　enclosed charge
被積分函數　integrand
通量　flux
通量定則　flux rule
特斯拉（磁通量密度單位）　T, tesla

十二畫

勞侖茲方程式　Lorentz equation
單位法線向量　unit normal vector
場線　field line
散度　divergence
散度定理　divergence theorem
斯托克斯　G. G. Stokes（1819-1903），英國科學家
斯托克斯定理　Stokes' theorem
湯姆森　William Thompson（Lord Kelvin, 1824-1907），英國科學家
無旋場　irrotational field

無散場　solenoidal field

絕緣體　insulator

開放的表面　open surface

順磁性　paramagnetism

黑維塞　Oliver Heaviside（1850-1925），英國科學家

十三畫

傳導電流　conduction current

傳導電流密度　conduction current density

奧斯特洛格拉德斯基　M. V. Ostrogradsky（1801-1862），俄國數學家

微分形式　differential form

感應電流　induced current

感應電場　induced electric field

極化　polarization

極化電流密度　polarization current density

路徑積分　path integral

電流密度　current density

電容　capacitance

電偶極　electric dipole

電偶極矩　electric dipole moment

電動勢（簡稱 emf）　electromotive force（emf）

電荷　electric charge

電荷密度　charge density

電荷載子　charge carrier

電通量　electric flux

電場　electric field

電場的波動方程式　wave equation for electric fields

電場的高斯定律　Gauss's law for electric fields

電場的環流　circulation of electric field

電感　inductance
電極化　electric polarization
電磁理論　electromagnetic theory

十四畫

漂移速度　drift velocity
磁化　magnetization
磁荷密度　magnetic charge density
磁偶極矩　magnetic dipole moment
磁通量　magnetic flux
磁通量密度　magnetic flux density
磁單極　magnetic monopole
磁場　magnetic field
磁場的波動方程式　wave equation for magnetic fields
磁場的高斯定律　Gauss's law for magnetic fields
磁場的環流　circulation of magnetic field
磁場強度　magnetic field intensity ; magnetic field strength
磁感應　magnetic induction
磁極　magnetic pole
磁漩渦模型　magnetic vortex model
磁導率　permeability
算符　operator
赫茲（1857-1894），德國科學家　Hertz, Heinrich
齊次方程式　homogeneous equation

十五畫

劈形算符，微分算符　nabla
歐姆定律　Ohm's law

線性　linear
線性介電材料　linear dielectric material
線性磁性材料　linear magnetic material
線密度　linear density
線電荷密度　linear charge density
線積分　line integral

十六畫

積分形式　integral form
靜止坐標　rest frame
靜電電場　electrostatic electric field

十七畫

檢驗電荷　test charage
點積（內積、純量積）　dot product

二十一畫

鐵磁性　ferromagnetism

二十三畫

變化率　rate of change
體密度　volume density
體電流密度　volume current density
體電荷密度　volume charge density
體積分　volume integral

附錄 F　英中名詞對照

A

A, ampere　安培（電流單位）

Ampere, Andre-Marie　安培（1775-1836），法國科學家

Ampere-Maxwell law　安培－馬克士威定律

Ampere's law　安培定律

azimuthal angle　方位角

B

Biot-Savart law　必歐－沙伐定律

bound charge　束縛電荷

bound charge density　束縛電荷密度

bound current density　束縛電流密度

C

capacitance　電容

Cartesian coordinates　笛卡兒坐標（直角坐標）

charge carrier　電荷載子

charge density　電荷密度

circulation of electric field　電場的環流

circulation of magnetic field　磁場的環流

closed surface　封閉表面

cross product　叉積（外積、向量積）

conduction current　傳導電流

conduction current density　傳導電流密度

curl　旋度

current density　電流密度

D

diamagnetism　反磁性

dielectric constant　介電常數

dielectric　介電體

differential form　微分形式

dipole moment　偶極矩

direction cosines　方向餘弦

displacement　位移

displacement current　位移電流

displacement current density　位移電流密度

divergence theorem　散度定理

divergence　散度

dot product　點積（內積、純量積）

drift velocity　漂移速度

E

electric charge　電荷

electric dipole　電偶極

electric dipole moment　電偶極矩

electric field　電場

electric flux　電通量

electric polarization　電極化

electromagnetic theory　電磁理論

electromotive force（emf）　電動勢（簡稱 emf）

electrostatic electric field　靜電電場

enclosed charge　被包圍的電荷

enclosed current　被包圍的電流

F

Faraday, Michael　法拉第（1791-1867），英國科學家

Faraday's law   法拉第定律

ferromagnetism   鐵磁性

field line   場線

flow line   流線

flux   通量

flux rule   通量定則

free charge   自由電荷

free charge density   自由電荷密度

free current   自由電流

free current density   自由電流密度

G

Gauss, C. F.   高斯（1777-1855），德國數學家

Gauss's law for electric fields   電場的高斯定律

Gauss's law for magnetic fields   磁場的高斯定律

Gauss's theorem   高斯定理（散度定理）

gradient   梯度

Green, George   格林（1793-1841），英國數學家

H

Heaviside, Oliver   黑維塞（1850-1925），英國科學家

Hertz, Heinrich   赫茲（1857-1894），德國科學家

homogeneous equation   齊次方程式

I

induced current   感應電流

induced electric field   感應電場

inductance   電感

insulator   絕緣體

integral form   積分形式

integrand   被積分函數

irrotational field　無旋場

K

Kelvin-Stokes theorem　克耳文－斯托克斯定理

L

LaGrange, J. L.　拉格朗日（1736-1813），法國數學家

Laplace, Pierre Simon　拉普拉斯（1749-1827），法國數學家

Laplacian operator　拉普拉斯算符

Lenz, Heinrich　冷次（1804-1865），俄國科學家

Lenz's law　冷次定律

linear　線性

linear charge density　線電荷密度

linear density　線密度

linear dielectric material　線性介電材料

linear magnetic material　線性磁性材料

line integral　線積分

Lorentz equation　勞侖茲方程式

M

magnetic charge density　磁荷密度

magnetic dipole moment　磁偶極矩

magnetic field　磁場

magnetic field intensity　磁場強度

magnetic field strength　磁場強度

magnetic flux density　磁通量密度

magnetic flux　磁通量

magnetic induction　磁感應

magnetic monopole　磁單極

magnetic pole　磁極

magnetic vortex model　磁漩渦模型

magnetization　磁化

Maxwell, James Clerk　馬克士威（1831-1879），英國科學家

N

nabla　劈形算符，微分算符

net current　淨電流

non-Cartesian coordinate　非笛卡兒坐標

normal vector　法線向量

O

Oersted, Hans Christian　厄斯特（1777-1851），丹麥科學家

Ohm's law　歐姆定律

open surface　開放的表面

operator　算符

Ostrogradsky, M. V. 奧斯特洛格拉德斯基（1801-1862），俄國數學家

P

parallel-plate capacitor　平行板電容器

paramagnetism　順磁性

partial differential　偏微分

path integral　路徑積分

permeability　磁導率

permeability of free space　真空磁導率

permittivity　介電係數（電容率）

permittivity of free space　真空介電係數（真空電容率）

Poisson's equation　帕松方程式

polarization　極化

polarization current density　極化電流密度

R

rate of change　變化率

rate of flow　流率（流量率）

rectangular coordinates　直角坐標（笛卡兒坐標）

relative permeability　相對磁導率

relative permittivity　相對介電係數（相對電容率）

rest frame　靜止坐標

right-hand rule　右手定則

S

scalar field　純量場

scalar potential　純量勢（純量位勢）

scalar product　純量積

second derivative　二階導數（二次微分）

solenoidal field　無散場

special Amperian loop　特殊安培迴圈

special Gaussian surface　特殊高斯面

speed of light　光速

stationary　平穩

Stokes' theorem　斯托克斯定理

Stokes, G. G.　斯托克斯（1819-1903），英國科學家

surface charge density　面電荷密度

surface integral　面積分

T

T, tesla　特斯拉（磁通量密度單位）

test charge　檢驗電荷

Thompson, William　湯姆森（Lord Kelvin, 1824-1907），英國科學家

U

unit normal vector　單位法線向量

V

vacuum permittivity　真空介電係數

vector cross product　向量叉積

vector field　向量場

volume charge density　體電荷密度

volume current density　體電流密度

volume density　體密度

volume integral　體積分

W

wave equation for electric fields　電場的波動方程式

wave equation for magnetic fields　磁場的波動方程式

wave equation　波動方程式

Wb, weber　韋伯（磁通量單位）

work done along a path　沿著路徑所做的功

Z

zenith angle　天頂角

國家圖書館出版品預行編目（CIP）資料

電磁學天堂祕笈：輕鬆解析最實用的馬克士威方程式／夫雷胥
　(Daniel Fleisch) 著；鄭以禎譯 . -- 第一版 . -- 臺北市：
遠見天下文化 , 2010.10
　　面；公分 . -- (科學天地；118)
　譯自：A student's guide to Maxwell's equations
　ISBN 978-986-216-620-8（平裝）
　1. 電磁學　2. 方程式論
338.1　　　　　　　　　　　　　　　　　　　99019271

科學天地 118A

電磁學天堂祕笈

輕鬆解析最實用的馬克士威方程式

原　　著／夫雷胥
譯　　者／鄭以禎
顧 問 群／林和、牟中原、李國偉、周成功
總 編 輯／吳佩穎
編輯顧問／林榮崧
責任編輯／林榮崧、徐仕美
封面設計暨美術編輯／江儀玲

出 版 者／遠見天下文化出版股份有限公司
創 辦 人／高希均、王力行
遠見・天下文化 事業群榮譽董事長／高希均
遠見・天下文化 事業群董事長／王力行
天下文化社長／林天來
國際事務開發部兼版權中心總監／潘欣
法律顧問／理律法律事務所陳長文律師　　著作權顧問／魏啟翔律師
社　　址／台北市 104 松江路 93 巷 1 號 2 樓
讀者服務專線／（02）2662-0012　傳真／（02）2662-0007 2662-0009
電子信箱／cwpc@cwgv.com.tw
直接郵撥帳號／1326703-6 號 遠見天下文化出版股份有限公司

製 版 廠／東豪印刷事業有限公司
印 刷 廠／中原造像股份有限公司
裝 訂 廠／中原造像股份有限公司
登 記 證／局版台業字第 2517 號
總 經 銷／大和書報圖書股份有限公司　電話／（02）8990-2588
出版日期／2010 年 10 月 15 日第一版第 1 次印行
　　　　　2023 年 11 月 9 日第二版第 3 次印行

定　　價／380 元
4713510946695
書　　號／BWS118A

原著書名／A Student's Guide to Maxwell's Equations
by Daniel Fleisch
Copyright © 2008 by Daniel Fleisch
Complex Chinese Edition Copyright © 2010 by Commonwealth Publishing Co., Ltd.,
a member of Commonwealth Publishing Group
Published by arrangement with CAMBRIDGE UNIVERSITY PRESS
through Big Apple Tuttle-Mori Agency, Inc., Labuan, Malaysia.
ALL RIGHTS RESERVED

天下文化官網 —— bookzone.cwgv.com.tw

※ 本書如有缺頁、破損、裝訂錯誤，請寄回本公司調換。